わかっちゃう図解

遺伝子

都河明子 著

ホットトピックス

遺伝子ってなに？　基礎編

遺伝子ってなに？　応用編

遺伝子と病気

さまざまな遺伝子

遺伝子とバイオテクノロジー

はじめに

私たちの体は、とても不思議にできています。誰もが心臓や肝臓や脳など生命を支え続けている臓器や器官を持っていて、時には他人の臓器が移植されることもありますが、私たちの体は自分ひとりだけの個性的な特徴を持っています。それぞれの特徴は、細胞のなかのDNA（デオキシリボ核酸）の上に、約3万個ある遺伝子の組み合わせによって、人格や体格などが決まるのです。

人類は20万年前に誕生し、1万年前に農耕文化を興すまでは、狩猟・採集生活で生命を維持してきました。獲物を捕らえたときにたくさん食べると、「脂肪をため込む遺伝子」が体内に脂肪を蓄え、空腹時にその脂肪を燃焼させて飢えをしのいでいました。食べ物が豊富になった現在でもこの遺伝子が生き残っているため肥満となり、寿命を縮める結果になっているのは皮肉なことです。

地球上のすべての生物は細胞からできていて、細胞のなかに、種に特有のDNAが保存されています。DNA上の情報にしたがって、遺伝子からタンパク質をつくり、生命活動を維持しています。

この本では、私たちの生命維持に欠かせない遺伝子をわかりやすく紹介します。読んでいただき、遺伝子をもっと身近に感じていただければ嬉しく思います。

都河明子

001

再生医療に遺伝子が使われているって本当？

傷んだ臓器や組織の働きが損なわれた際に、元通りに修復（＝再生）する医療のことを再生医療といいます。

この再生医療には、細胞や遺伝子が使われています。

私たちの体は、1個の受精卵が次々に分裂を繰り返してできたものです。受精卵が分裂を繰り返し、いろいろな組織などに枝分かれする前の段階で「幹」となる細胞があり、これがES細胞です。

ES細胞は、筋肉、神経、心臓、肝臓など、あらゆる組織と臓器になるので「万能細胞」といわれていますが、この細胞をつくるためには卵子の提供を受ける必要があり、倫理的な問題が生じます。

京都大学山中伸弥教授は、ヒトの皮膚の細胞に4つの遺伝子を組み込み、見た目も能力もES細胞そっくりの、iPS細胞（新型万能細胞）を初めて作製しました。

体の一部の機能が失われた場合の治療は、移植や人工臓器などが用いられています。しかし、臓器移植ではドナーの数が不足し、また、拒絶反応が出ます。

iPS細胞を用いた臨床試験はこれからですが、患者自身の皮膚などの細胞を細胞外で培養してから体内に戻し、機能を回復させる画期的な治療法です。

iPS細胞ってなに？

ヒトの皮膚細胞
通常は、皮膚にしかならない。
4つの遺伝子を組み込む。
発がんリスクを軽減するため、別の遺伝子を組み込む研究も進んでいるのよ。
iPS細胞（新型万能細胞）
ひぇー!! どんな細胞にもなれるんだ！
神経細胞、心筋細胞、網膜細胞など。
将来は、自分の皮膚細胞から、自分の臓器もつくれるようになるわ！
将来は肝臓、心臓、肺などや創薬にも。

002

寿命は遺伝子が決めるの？

生物の遺伝子には、寿命の限界が刻まれています。

ヒト*[1]は120年、ゾウは80年、チンパンジーは50年、イヌは20年といわれています。私たち人間のデオキシリボ核酸（DNA）上では、120歳まで生きられるようにプログラムされているのです。

しかし、120歳まで生きる長寿の人はなかなかいません。それは、なぜでしょうか。

人間の体の約60兆個の細胞は、毎日200個に1個の割合で古い細胞が死に、新しい細胞に生まれかわっています。

そのときに、放射線や紫外線などで細胞のDNAが傷つくと、次第に修復能力が低下し、組織や臓器の機能も弱って、動脈硬化やがんになるといわれています。

日本人の平均寿命は、縄文時代では推定15～20歳、江戸時代で30歳代、明治時代でも結核で亡くなる人が多く40歳代前半です。

戦後に平均寿命が延びたのは、衛生面や栄養状態がよくなり、また医療が進歩したためです。

今世紀の終わりには、日本人の平均寿命は100歳に限りなく近づくと予想されています。120歳以上の人も増えるかもしれません。

生物の寿命の限界

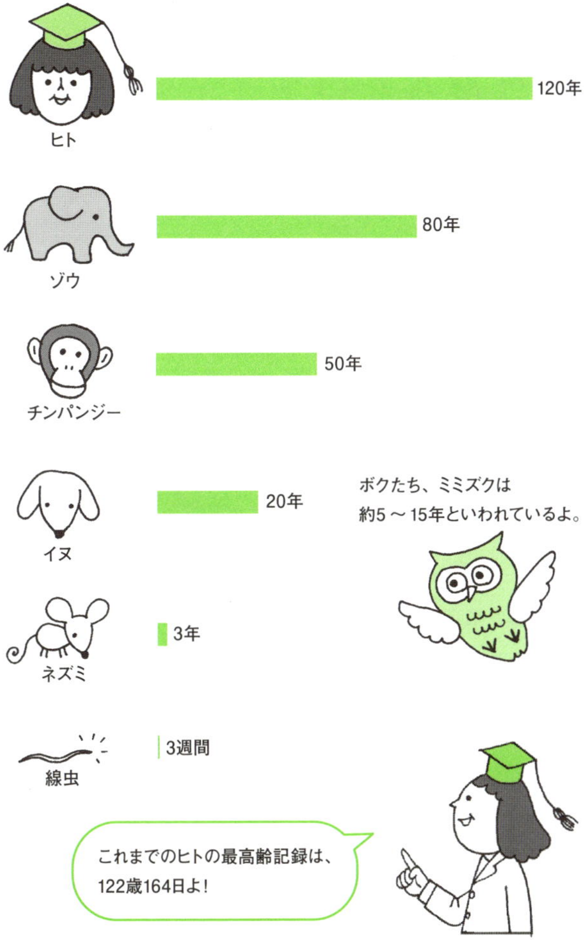

120年
ヒト
80年
ゾウ
50年
チンパンジー
20年
イヌ
3年
ネズミ
3週間
線虫
ボクたち、ミミズクは
約5～15年といわれているよ。
これまでのヒトの最高齢記録は、
122歳164日よ！

＊1：人間を生物の一種とみるときは「ヒト」を使う。

003

壊れたDNAは元には戻らない？

元に戻ります。私たちは、デオキシリボ核酸（DNA）を修復する、酵素の遺伝子を持っています。

二本鎖のDNAは水素結合でつながっていて、比較的安定している物質です。そのため、大切な遺伝情報を伝える物質として適していますが、私たちは毎日、放射線や紫外線*1など、外界からのストレスを受けて日常生活を送っています。

DNAは、ストレスを受けると壊れてしまう場合があります。

壊れ方にもいろいろありますが、たとえば紫外線によって発生した活性酸素で、DNAが切れてしまうことがあります。

しかし私たちの体は、DNAが一部切断された場合でもそれを瞬時に見つけ出して、酵素の働きによって修復されているのです。

修復の方法にはいくつかあり、DNAの損傷によって使い分けられています。この仕組みのおかげで、突然変異のほとんどは修復されます。

このDNAを修復する仕組みに異常が起きてしまうと、私たちは正常なタンパク質がつくれなくなり、病気になってしまうのです。

壊れたDNAが修復されずに残ってしまう場合もまれにあります。

DNA修復の仕組み

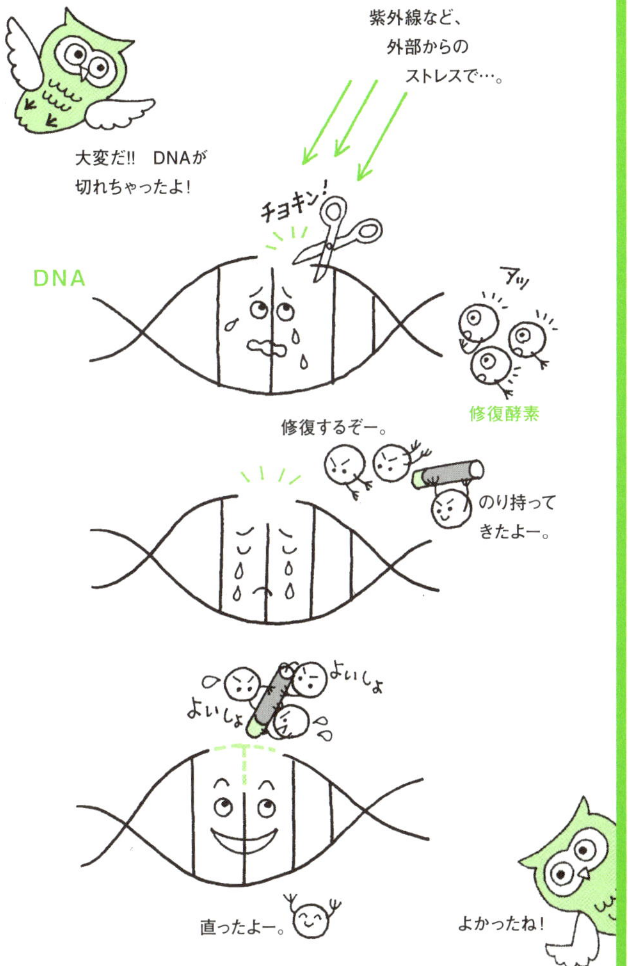
紫外線など、
外部からの
ストレスで…。
大変だ!! DNAが
切れちゃったよ!
チョキン!
DNA
アッ
修復酵素
修復するぞー。
のり持って
きたよー。
よいしょ
よいしょ
直ったよー。
よかったね!

＊1：目に見えない波長の電磁波。人の目に見える光の限界である紫色よりも外側に該当することから、紫外線と呼ばれる。

004

放射線はなぜ体に悪いの？

放射線は、太陽や地上にある物質からも出ているため、私たちは日常的に放射線を浴びています。しかし、巨大なエネルギーを持つ放射線に当たりすぎると（被曝）、デオキシリボ核酸（DNA）が切れて変異してしまい、細胞がダメージを受けます。

DNAが変異すると、DNA上に点在している遺伝子の情報を元に毎日つくられているタンパク質の性質が変わってしまうため、病気になってしまいます。また、被曝量が多ければ、細胞自体が死んでしまうこともあります。

放射性物質が崩壊すると、放射線のアルファ（α）、ベータ（β）、ガンマ（γ）線などが放出されます。もっとも人体に影響を与えるのは、電磁波に分類されるγ線です。透過力の強いγ線を浴びると、甲状腺がんや白血病になり、ひどい場合には死に至ります。

このようなことから悪いイメージのある放射線ですが、人にとって有益なことにも利用されています。

γ線には殺菌や殺虫効果があり、発芽抑制にもなるため、出荷前のジャガイモに照射されています。また医療の分野では、たとえば手術が困難な場所にある脳腫瘍にγ線を集中照射できるガンマナイフを使うことで、開頭しなくても手術ができるようになりました。

放射線の利用法

食品照射　（ガンマ線）

ジャガイモの発芽を抑止する。
食品照射は定められた基準にしたがって行われ、安全性が確認されている。
また、表示も義務づけられている。

ガンマ線

非破壊検査　（エックス線、ガンマ線）

空港の荷物を検査する。

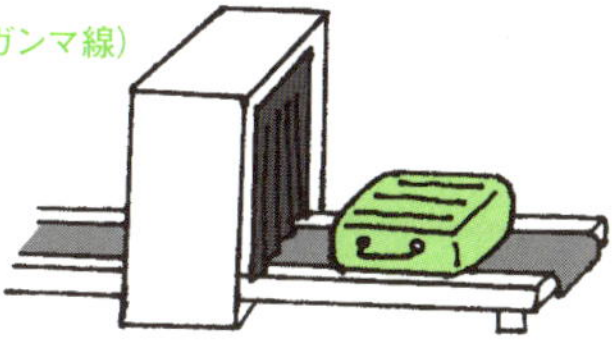

医学検査　（エックス線）

レントゲンやCTなど。

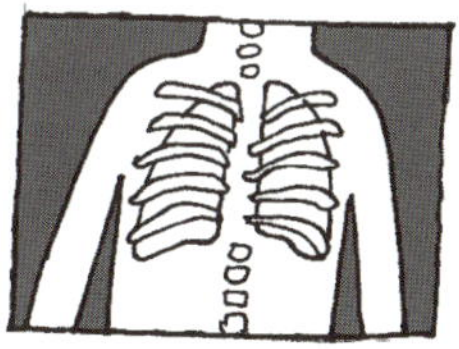

腫瘍の治療　（ガンマ線）

ガンマナイフを使用しての手術。

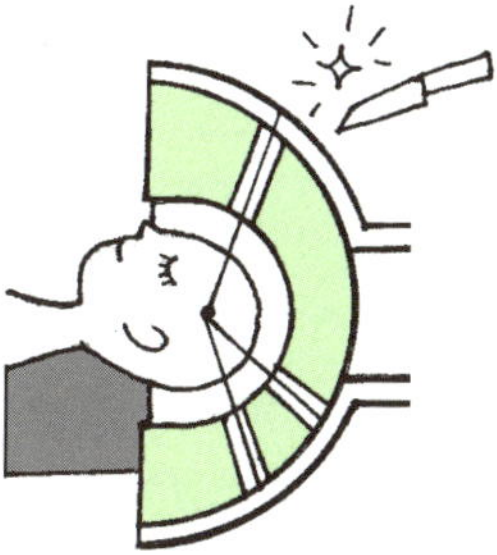

いろいろな分野で
使われているんだね。

＊エックス線：放射線の一種。ガンマ線と同じ電磁波に分類され、波長では区別がつかない。レントゲン線ともいわれる。

005

遺伝子組み換え食品ってなに？

遺伝子組み換え食品は、作物に新しい遺伝子を組み込んでつくられる新しい性質を持つ食品のことです。

安全で、安い遺伝子組み換え食品をつくることができれば、世界的な食糧危機を救うことができます。

たとえば、病気に強いトマトの遺伝子を、おいしいけれど病気に弱いトマトの遺伝子に組み込むと、病気に強くおいしい理想のトマトができます。

米国では、害虫に強い作物がつくられています。

これは、作物に虫を殺す毒素の遺伝子を組み込んでいるため、殺虫剤の使用を少なくでき、収穫量が増します。しかし、この作物を食べるほかの生物などへの影響はまだわかっていません。

日本では、遺伝子組み換え作物の栽培はあまり進んでいません。食品売り場でも、「遺伝子組み換え食品ではありません」と表示されている豆腐や納豆をよく見かけます。

2001年から、遺伝子組み換え食品の表示が義務づけられていますが、まだ30品目だけです。

人への安全性や自然界への影響について、慎重に検討する必要があるためです。

遺伝子組み換え食品の仕組み

今までの交配による育種

病気に弱いけれど
おいしいトマト

病気に強いけれど
まずいトマト

交配

再交配

やっと
できたよ!

病気に強くておいしい品種の完成!

いろいろなものができるので、理想の品種にたどり着くまで、何度も交配を繰り返さなくてはいけないのよ。

遺伝子組み換えによる育種

病気に弱いけれど
おいしいトマト

病気に強いけれどまずいトマトから、病気に強い遺伝子を取り出して組み込むと…。

病気に強くておいしい品種の完成!

遺伝子組み換えだと
理想のトマトが
すぐにつくれるんだね!

006

DNA鑑定ってなに？

デオキシリボ核酸（DNA）を解析することによって、犯罪捜査で被害者や犯人を特定すること、また、親子や血縁関係を証明することを**DNA鑑定**といいます。

犯罪捜査などでは、個人を特定するときに指紋をよく用います。しかし、個人に固有なのは指紋だけではありません。DNAもまた個人によって異なるため、鑑別に使うことができます。

たとえば、事件の犯行現場で得られた血液、髪の毛、精液などから採取したDNAと被疑者のDNAを比較することによって、被疑者が犯行現場にいたかどうかが非常に高い正確さでわかります。

つまり、被疑者が事件の犯人であるかどうかを、非常に高い確率で推定できるのです。

親と子や兄弟・姉妹間の血縁関係を証明するためには、**親子鑑定**や**兄弟・姉妹鑑定**があります。中国残留孤児を認定する場合にも用いられています。

父が死亡していて、その両親の遺産を孫に相続させるといった場合には、祖父母と孫のDNAを調べる**祖父母と孫鑑定**が可能です。

また、一般には申し込めませんが、特別な場合に限り、**出生前親子鑑定**という妊娠中に胎児と父親の親子鑑定が可能です。

鑑定の種類

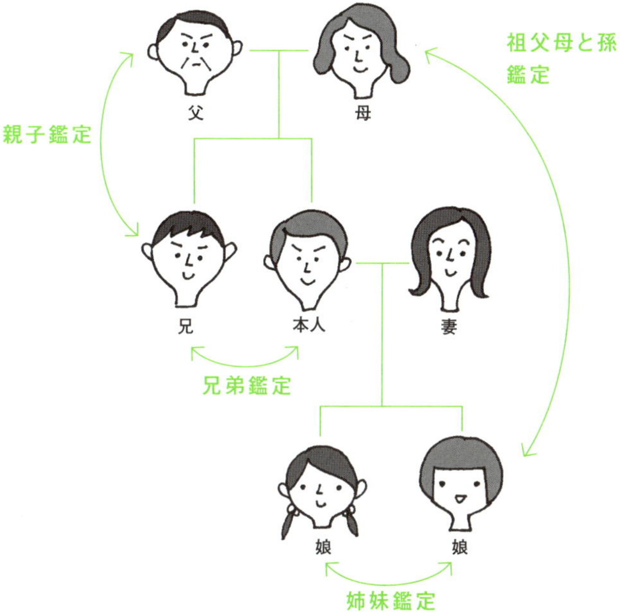

父
母
祖父母と孫
鑑定
親子鑑定
兄
本人
妻
兄弟鑑定
娘
娘
姉妹鑑定

オギャー

病院で乳児取り違いが
あった場合にもDNA鑑定が
使われるんだって！

007

犯人が残したDNAで似顔絵はつくれるの？

今はまだ、つくることはできません。

1988年に「ヒトゲノム国際プロジェクト」がスタートし、人間の全デオキシリボ核酸（DNA）が解析されました。

この結果、タンパク質をつくる遺伝子は、約3万種類あることがわかりました。

すべての遺伝子がわかっているわけではありませんが、もっとも目につきやすい個性である、顔つき、髪、瞳、皮膚の色や身長などの外見に関する遺伝子がわかってきています。

これら外見の特徴に関する遺伝子は、わかっているだけでも11種類あり、そのなかでもっとも多いのは、髪や瞳、皮膚の色の濃さを少しずつ変化させる遺伝子です。

これらのDNAを解析し、遺伝子の組み合わせを調べることによって、その人の体格や顔つきなどをある程度推定することが可能になります。

米国では、犯人が残したDNAで、似顔絵を合成する技術の研究が始まっているようです。

犯人が残したDNAで、似顔絵がつくれるのももうすぐです。

現在わかっている外見に関わる遺伝子

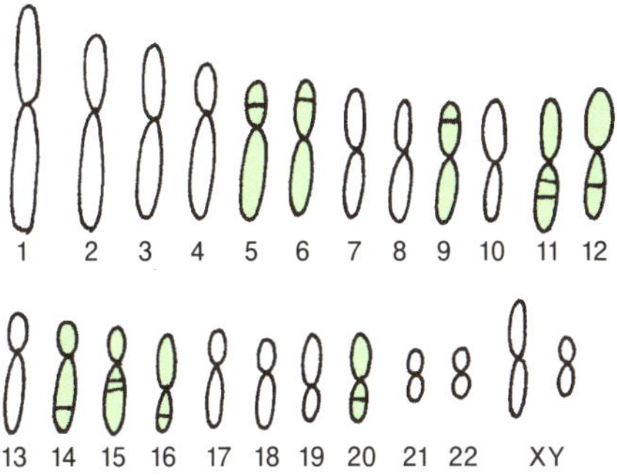
1 2 3 4 5 6 7 8 9 10 11 12
13 14 15 16 17 18 19 20 21 22 XY

＊染色体(23本)。実際は対になっていて46本ある。

9本の染色体の上にある
11種類の遺伝子が
わかっているよ！

たとえば…

瞳の色

髪の色

身長

将来は、残されたDNAで似顔絵がつくれるかも!?

WANTED!
瞳の色
髪の色
皮膚の色
身体的特徴
身長 170cm
肥満タイプ
顔つき

008

DNAの人工合成に成功するとなにができる？

インフルエンザウイルスのデオキシリボ核酸（DNA）が人工合成できると、ワクチンをつくることができます。

通常、ワクチンは鶏卵でウイルスを増やして製造しますが、強毒のインフルエンザウイルスでは鶏卵が死んでしまいます。

そこで、毒性の遺伝子を取り除いたインフルエンザウイルスを合成すれば、ワクチンは簡単に製造できます。

また、植物の細胞や繊維を効率的に分解する微生物を合成できれば、バイオ燃料を安く、大量に生産できるようになります。

細菌などの微生物やウイルスのDNAを人工合成し、自己増殖できる細菌やウイルスをつくる研究が行われ、一部成功しています。

しかし、生物テロなどに悪用される心配もあります。

以前、『ジュラシック・パーク』という映画がありました。

琥珀の石のなかに閉じ込められた蚊を集め、蚊が吸った恐竜の血からDNAを取り出し、そのDNAから恐竜をつくり出す、というフィクションでした。

現段階では、細菌やウイルスの人工合成に成功していますが、将来DNAがあれば、あんな巨体の恐竜やマンモスでも復活させることができるようになるのでしょうか。

人工合成が可能になったウイルス

- **1978年** RNAウイルスで、初めての人工合成に成功
- **1985年** ポリオ
- **1994年** 狂犬病
- **1995年** 麻疹・水疱性口内炎
- **1997年** 牛疫
- **1999年** インフルエンザ
- **2000年** ムンプス
- **2006年** ニパ

ムンプスは
おたふく風邪の
ウイルスだよ。

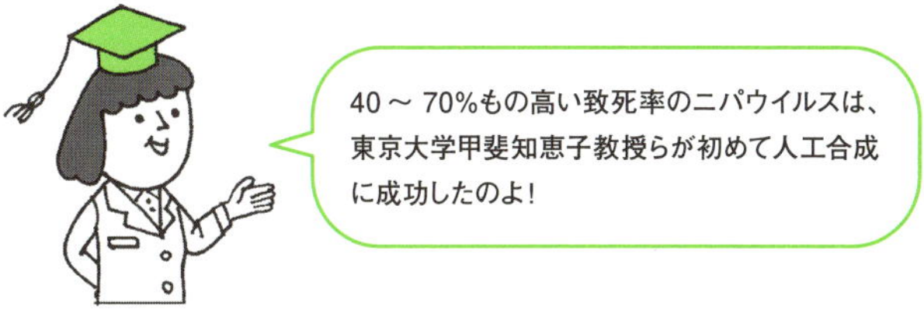
40 ～ 70%もの高い致死率のニパウイルスは、東京大学甲斐知恵子教授らが初めて人工合成に成功したのよ！

009

ウイルスに遺伝子があるって本当？

本当です。遺伝物質の違いから、ウイルスはDNAウイルスとRNAウイルスのふたつに分けることができます。

ウイルスは生きていますが、細菌のように自己増殖できる細胞ではないため、生物ではありません。

サイズは0.01〜0.1μm*1と小さく、タンパク質と核酸（デオキシリボ核酸：DNAや、リボ核酸：RNA）で構成されています。

増殖する際には、感染先である生物の細胞の表面に吸着し、細胞内にウイルスのDNAやRNAを注入します。細胞内では、その生物自身のDNAやタンパク質を合成する仕組みを勝手に使って、ウイルスのDNAやRNAを増やします。

そして、ウイルスの殻のタンパク質を合成し、ウイルス粒子となって増殖していきます。ウイルス粒子がたくさん増殖すると、細胞を殺し、外に出て、次の細胞へと感染を続けるのです。

たとえば、インフルエンザウイルスは、ヒトの気道の粘膜細胞内で増殖します。このとき、ヒトのタンパク質合成機構を勝手に使って増えるのです。ウイルスは、表面についているタンパク質の突起でヒトの細胞に侵入しますが、この突起の形がインフルエンザウイルスの遺伝子の違いで、A型、B型、C型に分類されます。

ウイルスは2種類

生物のDNAと
似ているね。

DNAウイルスのDNA

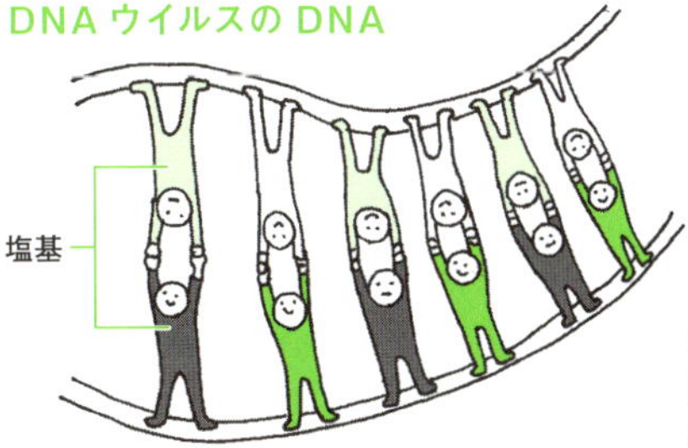
塩基

DNAウイルスのDNAは二本鎖で、環状と線状に分けられる。

RNAウイルスのRNA

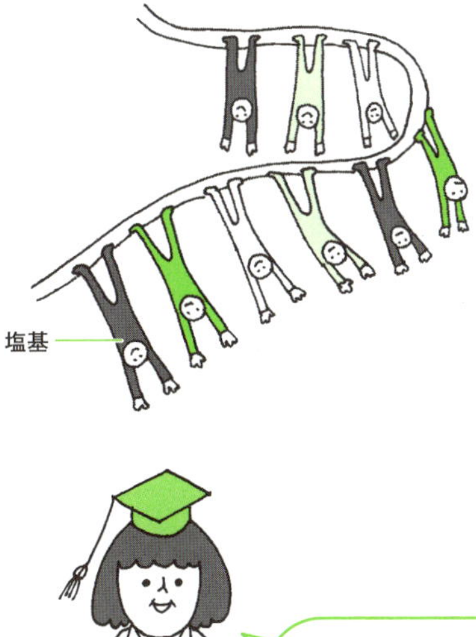
塩基

RNAウイルスのRNAは一本鎖の場合が多く、さらに(+)鎖と(−)鎖に分けられる。

ウイルスは自分自身で増えることが
できないから、生物ではないのよ。

＊1：μm(マイクロメートル)は長さの単位。1μmは、1mmの1000分の1の長さ。

010

大腸菌に遺伝子があるって本当？

本当です。大腸菌は1～2μmの小さな生物で、遺伝子を持ち、細胞分裂をして増えていきます。

ヒトの腸内には、約100兆もの細菌が常住しています。

そのなかには、善玉菌として代表的な乳酸菌やビフィズス菌以外に、大腸菌も消化・吸収の働きをしていて、大腸菌にしか消化できない栄養素もあります。

病原性大腸菌は、遺伝子の違いで5種類に分けられています。

常住する菌のほとんどが無害な大腸菌ですが、時として「悪玉菌」と呼ばれるものがあります。

毒素の遺伝子を持つ、病原性の大腸菌です。これが、下痢や出血などを引き起こします。

持っている遺伝子によって大腸菌の型が変わり、流行した病原性大腸菌「O-157型」などがこれに当たります。

これら毒性を持った病原性大腸菌に感染しないよう、日ごろから食品衛生には、十分注意しなくてはいけません。

特に、生で食べる野菜などはよく洗うこと、肉や魚はよく焼くことが大切です。

病原性大腸菌の種類

ボク大腸菌。
病原性の仲間は
5種類いるよ。

①腸管病原性大腸菌（EPEC）

2歳以下の乳幼児に感染者が多い。

②腸管組織侵入性大腸菌（EIEC）

赤痢菌によく似た性質で、血液や粘液をまじえた下痢を起こす。

③腸管毒素原性大腸菌（ETEC）

大規模な食中毒、海外旅行者の下痢の原因になることが多い。

④腸管出血性大腸菌（EHEC）

O血清型として、O-157が有名。
そのほかにもO-26、O-111、O-121など重症例が多い。

⑤腸管凝集接着性大腸菌（EAggEC）

もっとも新しい種類の病原大腸菌で、腸管集合性大腸菌ともいわれる。

大腸菌は怖いね…。

でも、ほとんどの大腸菌は、
私たちの体になくてはならないよい菌なのよ！

011

遺伝子ってなに？

外見や性格、体質などの特徴や個性が、親から子へと受け継がれることを遺伝といいます。

性格や能力などは強く遺伝するので、私たちの人生において、遺伝はとても重要なものです。

そして、それらすべての遺伝情報を記憶しているのが遺伝子です。

地球上には、動物、植物、細菌類など、命名済みの生物が約120万種*1いますが、ネズミは生まれたときからネズミですし、チンパンジーはヒトにはなれません。

またカエルという種は、みな同じようにオタマジャクシからカエルに成長しますが、アマガエルはガマガエルにはなれません。

このような生物の特徴は、先祖から代々受け継がれてきた遺伝子の違いによるものです。

地球上に、まったく異なる特徴を持つ多くの生物がいることから、長い間「生命現象」は、物理や化学の法則では説明できない神秘的なものと考えられてきました。

しかし、遺伝子の存在が見つかり、やっと生命現象の説明が可能となったのです。

生物の遺伝情報を記憶する遺伝子

アマガエルの卵
オタマジャクシ
足の生えた
オタマジャクシ

同じように成長するけれど…

○

アマガエル

×

ボクには
ならないよ！

ガマガエル

アマガエルの卵からガマガエルは
絶対に生まれません！

同じカエルという種なのに、
遺伝子が違うんだね。

同じヒトでも、外国人と日本人では、
いくつか違う遺伝子を持つのよ。

＊1：発見されていないものを含めれば、870万種ともいわれる。

012

遺伝子はどこにあるの？

私たちの体は、約60兆個の細胞から構成されています。

その60兆個もある細胞の1個ずつに核があり、そのなかにデオキシリボ核酸（DNA）という化学物質があります。

遺伝子は、そのDNAの上にポツン、ポツンと点在しています。

その構造は、遺伝子が鉄道の駅、それをつなぐ線路がDNAだと考えればわかりやすいでしょう。

DNAは細胞の核のなかにあるので、同じように遺伝子も、細胞の核のなかにあるといえます。

1個の細胞のなかには、約3万個の遺伝子があります。

そのうち、実際に働いている遺伝子は約3分の1程度で、残りの遺伝子は眠った状態でいます。

私たちの体は、筋肉、骨、皮膚、血液、内臓、脳など、さまざまな組織からできていて、それぞれ異なる働きをしています。

しかし、これらの組織は、すべて同じ細胞、同じDNAからできています。すべて同じはずなのに、内臓でも、心臓だったり肝臓だったりと異なる働きをしています。

このような特徴が現れるのは、細胞ごとに違う遺伝子が働いて、異なるタンパク質が合成されているからなのです。

遺伝子はDNAという線路上にある駅

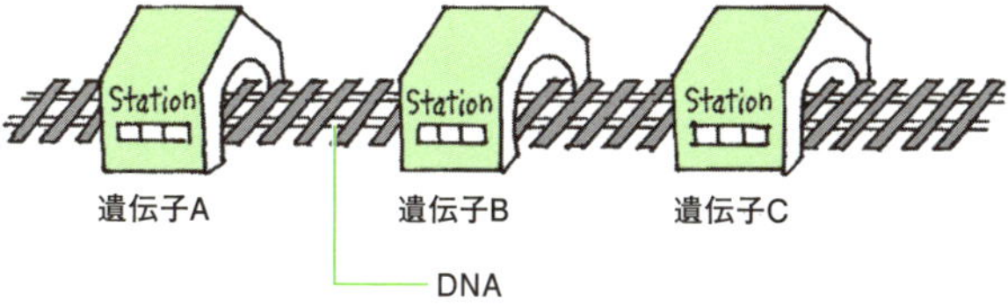
Station
Station
Station
遺伝子A
遺伝子B
遺伝子C
DNA

DNAのすべてが
遺伝子という
わけではないんだ！

細胞の核のなかにあるDNA

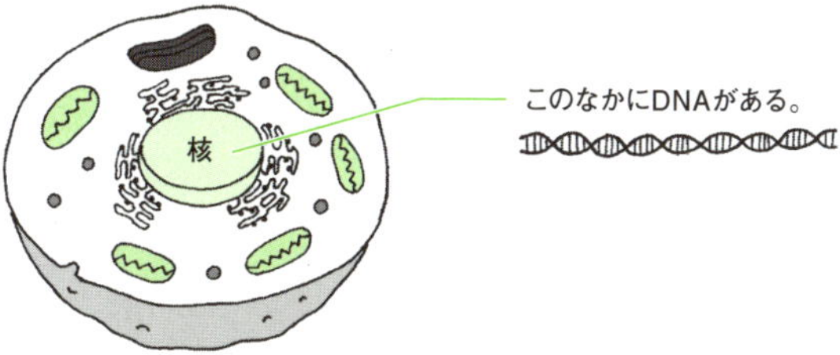
核
このなかにDNAがある。

ヒトの細胞

遺伝子が点在しているDNAは、
細胞の中央にある核に収められているのよ。

013

細胞ってなに？

細胞は、すべての生物の、**生命の極小単位**です。

動物、植物、細菌類など、地球上の生物をどんどん小さい単位にしていくと、最後にはすべて1個の細胞になります。

私たちの体は、たくさんの細胞が集まってつくられているのです。細胞は、細胞膜で仕切られた小さな部屋で、部屋のなかには細胞質と核があります。

細胞質には、エネルギーをつくり出すミトコンドリアや、タンパク質を合成するリボソーム、消化器として働くリソソームが浮遊しています。そして、核のなかにはデオキシリボ核酸（DNA）があり、その上に遺伝子が点在しています。

細胞はある大きさになると、成長を止めるか分裂をします。細胞分裂とは、1個の細胞が2個以上の細胞に分かれることです。

生物の細胞の多くは細胞分裂を繰り返し、新しい細胞をつくっています。たとえば、皮膚細胞が分裂して新しくなると、死んだ細胞は垢になります。

このような、体の細胞を増やす分裂を**体細胞分裂**といいます。

私たちの体のなかでは、特に腸や皮膚、髪の毛などの細胞分裂が活発に行われています。

細胞内の様子

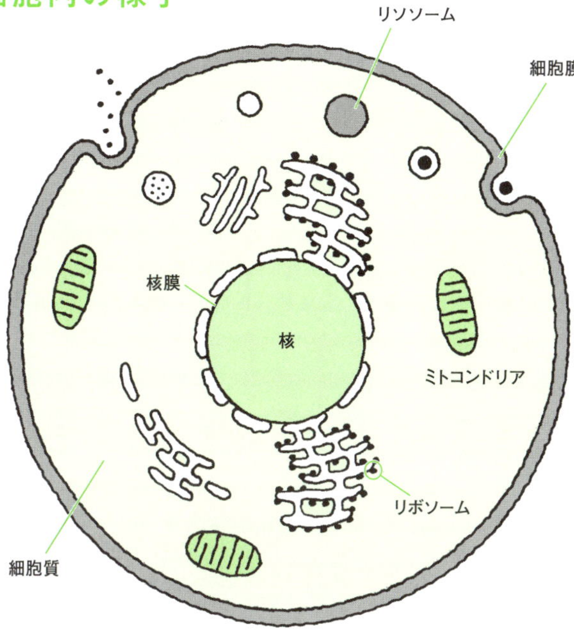

リソソーム
細胞膜
核膜
核
ミトコンドリア
リボソーム
細胞質

核を持つ生物は、つねに体細胞分裂をして新しい細胞をつくっているのよ。
ボクも、こんな細胞からできているんだね。

014

核ってなに？

核は、細胞のなかにある、二重膜（核膜）で囲まれた小器官のことです。

私たちの体をつくっている、赤血球を除くすべての細胞には核があり、この核のなかに、デオキシリボ核酸（DNA）が収められています。

ほかの動物や植物のDNAも、細胞の核のなかにあります。

膜で覆われた核は、紫外線や放射線など、外部からの刺激によって変異が起きないようにDNAを守っています。このような核を持つ細胞を真核細胞といいます。

一方、大腸菌や乳酸菌などの細菌は、1個の細胞からできていて、核を持っていません。核を持たない細胞を原核細胞といいます。

地球上に、最初に現れた生命は、原核細胞です。

約38億年前に誕生したといわれ、形などは変わっても、いまだに生き続けています。

核を持たない原核細胞ですが、DNAは持っています。

核がないので、DNAは細胞のなかに、かたまりとなって浮遊しています。DNAがむき出しのため、紫外線などの刺激によって変異を受けやすいです。

核を持つ細胞と持たない細胞

真核細胞　核膜に囲まれた核のなかにDNAが収められている。

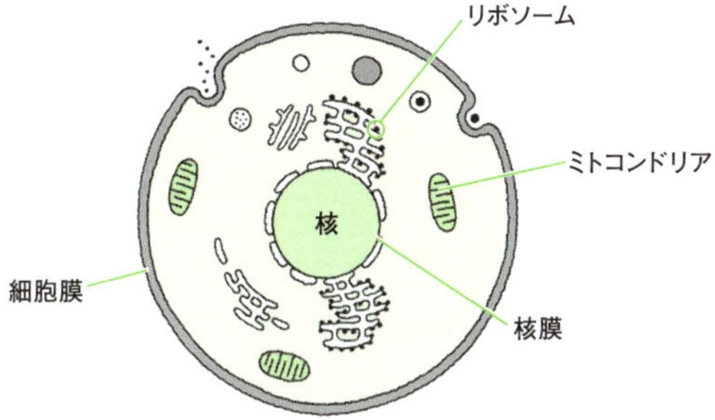
リボソーム
ミトコンドリア
核
細胞膜
核膜

原核細胞　DNAはむき出しのまま細胞質のなかを浮遊している。

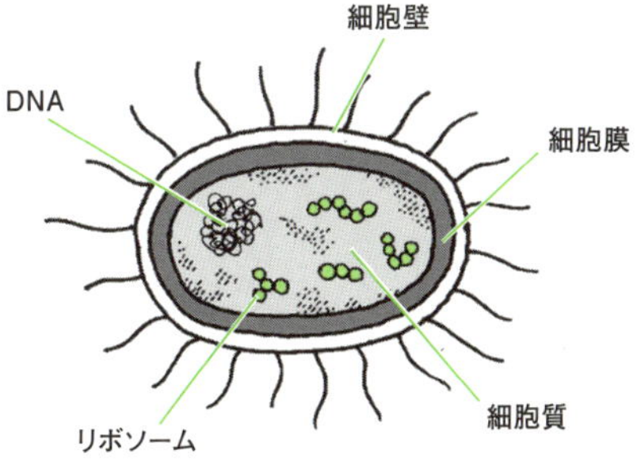
細胞壁
DNA
細胞膜
リボソーム
細胞質

真核細胞は約5～10μmで、
原核細胞より大きいんだよ！

015

遺伝子はいつ発見されたの？

1865年、オーストリアのメンデルが、メンデルの法則を発表しました。エンドウの豆の形や葉の形を調べて、丸い豆としわのある豆をかけ合わせると、丸い豆としわのある豆が3対1の割合でできるという法則です。これにより、遺伝が重要であると証明されました。

その後1869年に、スイスの生物化学者であるミーシャが、患者の膿やサケの精子から、新しい酸性物質を見つけました。核にある酸性物質ということで、核酸と名づけられました。

しかし、長い間、この核酸の働きは明らかにされませんでした。

それから75年後の1944年に、英国のアベリー博士らは、「デオキシリボ核酸（DNA）が肺炎双球菌の形質を決めている遺伝物質である」ことを証明しました。有毒の肺炎双球菌を熱で殺したあと、無毒の菌と混ぜたら、有毒の菌に形質が転換されたのです。しかし、有毒の菌を熱処理したものにDNA分解酵素を加えると、無毒の菌のままでした。このことから、有毒の菌のDNAが無毒の菌に入ると、有毒な菌に形質を変えてしまうことがわかったのです。

そして1953年、米国の分子生物学者ワトソンは、クリックとともにDNAの立体構造モデルをつくり、DNAこそが遺伝物質であると提唱しました。

遺伝子発見までの流れ

豆から遺伝の重要性
が証明されたなんて
すごい！

1865年 メンデルがエンドウで遺伝の法則を発見（メンデルの法則）

1869年 ミーシャが膿から核酸を発見

1944年 アベリーが、DNAが遺伝物質であることを証明した論文を発表

1953年 ワトソンとクリックがDNAの分子構造を発見

1953年から、生命現象を分子と
して扱う「分子生物学」が誕生し
たのよ。その後の50年で、この
学問は飛躍的に発展したの。

ワトソンとクリックは、
1962年にノーベル生理学・医学賞を
受賞したんだよね。
詳細は、巻末の年表を見てね！

016

遺伝子のない細胞もあるの？

ありますｏ血液中にある赤血球は小さな細胞で、私たちの体のなかで、唯一、核を持っていません。

核がないため、デオキシリボ核酸（DNA）もなく、遺伝子もありません。

赤血球は、骨髄と呼ばれる場所でつくられています。

骨髄にいるあいだは核を持っているのですが、成熟する過程で失い、赤血球になります。

赤血球の役割は、体中に酸素を運ぶことです。

核がないので、ふたつに折りたたまれるように変形できます。そのため、自分の直径よりも細い毛細血管にも入り込み、体中のすみずみまで酸素を届けることができるのです。

赤血球には核がないので、細胞分裂はできません。赤血球の寿命は約120日で、そのあいだに体内を約250kmも旅すると考えられています。

じつは、ほとんどの動物の赤血球には核があります。獣類以上の動物の赤血球に、核がないのです。

核がないぶん、ヘモグロビン*1をたくさん詰められるため、酸素をより多く運搬できるように進化したといわれています。

赤血球の役割

赤血球のなかには、
ヘモグロビンがたくさん
詰まっているのよ。

赤血球は直径 7～8μm、厚さ約 2μm で、ドーナツのような形をしている。へこみをつくって、表面積を大きくし酸素を運ぶ。

酸素と二酸化炭素の運搬

脳、筋肉、臓器など体中の細胞
CO_2
ヘモグロビンが
二酸化炭素を
ゲット！
O_2
ヘモグロビンが
酸素をゲット！
肺

たくさんの酸素を運ぶために、
赤血球は核を捨てちゃったんだ!?

＊1：赤い色素を持つタンパク質。このため、血液が赤く見える。

017

遺伝子の役割はなに？

私たちの体を構成する成分のなかで、水は50％以上と一番多く、次に多い成分はタンパク質で、約18％です。

タンパク質には、細胞を構成するタンパク質以外に、栄養物を消化する酵素や、生命活動に必要なホルモンなど、多くの種類があります。

そのため、体のなかで正常なタンパク質がつくれないと、私たちは病気になってしまいます。

遺伝子は、その体に必要なタンパク質をつくるための情報を記録しているものです。

デオキシリボ核酸（DNA）にある「発現調節領域」の部分が、タンパク質をいつ、どれだけつくるかを遺伝子に命令して、遺伝子が持っている情報に沿ってタンパク質はつくられています。

遺伝子そのものは、生命活動には直接関与していません。

生命活動は、遺伝子が持っている情報に沿って忠実につくられるタンパク質によって行われているのです。

つまり遺伝子は、生命をつくるための情報を持つ、体の設計図といえます。

タンパク質を忠実につくる体の設計図

発現調節領域
DNA
A
B
C
遺伝子
遺伝子Aさん、
細胞のタンパク質を
多めにつくって！
Aの発現調節領域
レシピ通りに
つくるよ。
mRNA
カタ
カタ
遺伝子A
遺伝子Bさん、
酵素のタンパク質を
少なめにつくって！
Bの発現調節領域
OK！
カタ
カタ
遺伝子B
遺伝子Cさん、
ホルモンのタンパク質を
昨日と同量つくって！
Cの発現調節領域
ハーイ！
カタ
カタ
遺伝子C
こうやってきちんと
タンパク質がつくられているから
ボクらは生きていけるんだね。
Aさんの
つくった
髪の毛
Bさんの
つくった
酵素
Cさんの
つくった
ホルモン

018

生物が生きているのはタンパク質のおかげって本当？

本当です。タンパク質は、細胞の構成成分としてだけでなく、生体内の化学反応を触媒する酵素として、細胞の機能面でも重要な役割を果たす生命を支える物質といえます。

たとえば、ヒトの体は約60兆個の細胞からできていて、各細胞はタンパク質、脂質、糖質、核酸、無機質そして、水分からできています。

肉や魚などのタンパク質を食べると、「消化酵素」と呼ばれるタンパク質の働きで、最終的には「アミノ酸」になります。

同じように、肉の脂身などの脂質は「脂肪酸」となり、お菓子やご飯などの糖質は「ブドウ糖」になります。

まったく違った食事をしても、すべてタンパク質によって消化されて、これらの最小単位の成分にまで分解され、細胞に取り入れられます。

そして、これらの成分を元に、新しいタンパク質や脂質、糖質などの物質が毎日つくられています。

地球上には特徴の違う多様な生物が存在していますが、遺伝子が持つ情報に沿ってつくられるタンパク質が、これらの特徴を決めているのです。

消化酵素の働き

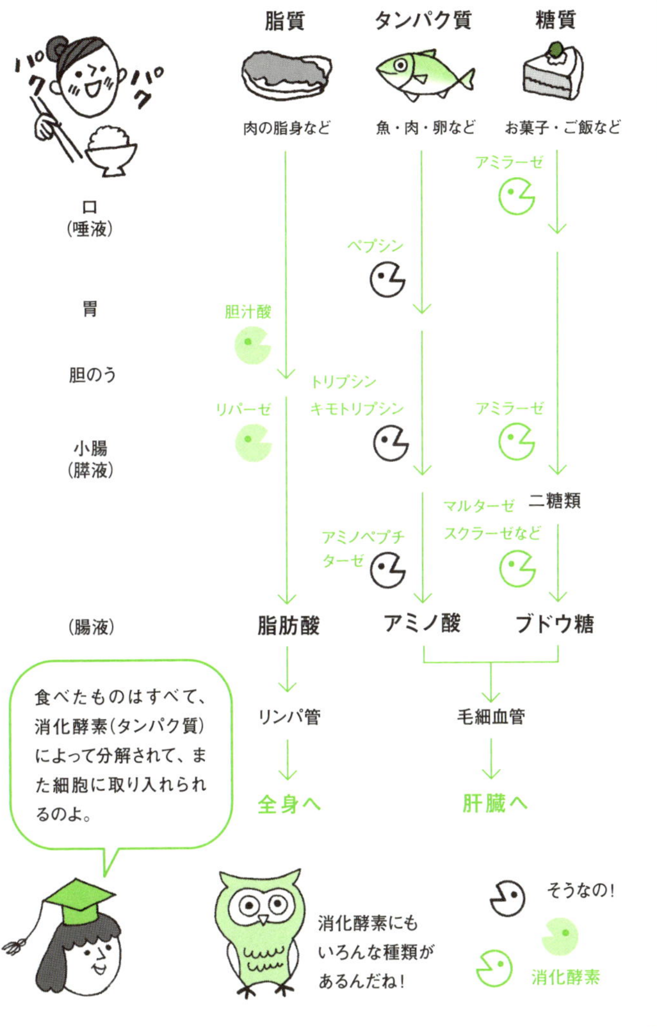

脂質
タンパク質
糖質
パクパク
肉の脂身など
魚・肉・卵など
お菓子・ご飯など
口
(唾液)
アミラーゼ
胃
ペプシン
胆のう
胆汁酸
小腸
(膵液)
リパーゼ
トリプシン
キモトリプシン
アミラーゼ
二糖類
マルターゼ
スクラーゼなど
アミノペプチターゼ
(腸液)
脂肪酸
アミノ酸
ブドウ糖
リンパ管
毛細血管
全身へ
肝臓へ
食べたものはすべて、消化酵素(タンパク質)によって分解されて、また細胞に取り入れられるのよ。
消化酵素にもいろんな種類があるんだね!
そうなの!
消化酵素

019

DNAってなに？

デオキシリボ核酸のことです。デオキシリボヌクレイックアシッド（deoxyribonucleic acid）を略して、DNA*[1]といわれています。

DNAは、おおまかに分けると3つの部分からできています。

ひとつ目は、遺伝子の部分です。この部分は、全DNAの長さのたった1.5％だけです。

ふたつ目は、発現調節領域の部分で、全DNAの長さの数パーセントを占めています。この部分は、タンパク質をいつ、どれだけつくるかを遺伝子に命令している部分です。

3つ目は、DNAの90％以上を占めますが、どういう役割をしているのか、はっきりわかっていません。おそらく、進化に関係していると考えられています。

DNAは、アデニン（A）、グアニン（G）、シトシン（C）、チミン（T）という4種類の塩基が直線的に並んだものです。ヒトの1個の細胞のなかには、約60億個の塩基が並んだDNAが入っています。これをつなげてまっすぐに伸ばすと、長さは2m近くになります。

こんなに長いDNAが、ヒストンというタンパク質と結合してきちんと折りたたまれ、細胞内の目に見えない直径6μmほどの、核のなかに入っているのです。

デオキシリボ核酸

DNAを構成する3つの部分

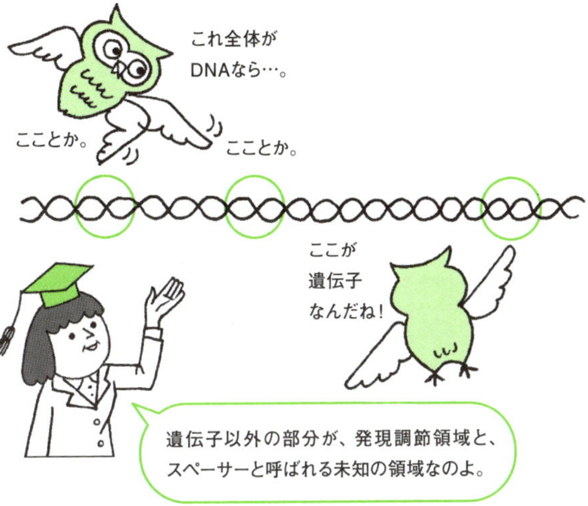

これ全体が
DNAなら…。
ここことか。
ここことか。
ここが
遺伝子
なんだね！
遺伝子以外の部分が、発現調節領域と、
スペーサーと呼ばれる未知の領域なのよ。

DNAの塩基配列

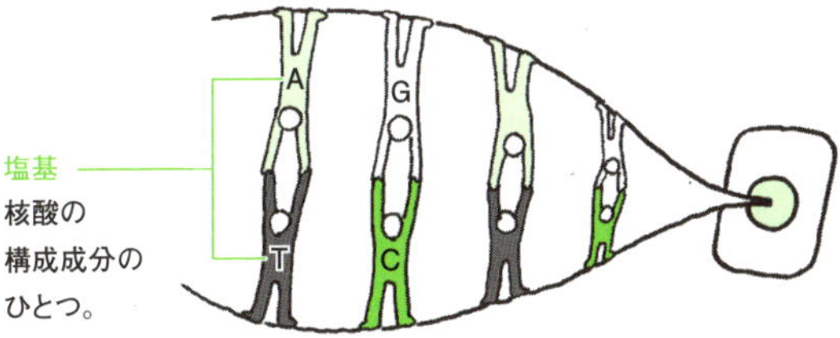

A
G
T
C
塩基
核酸の
構成成分の
ひとつ。

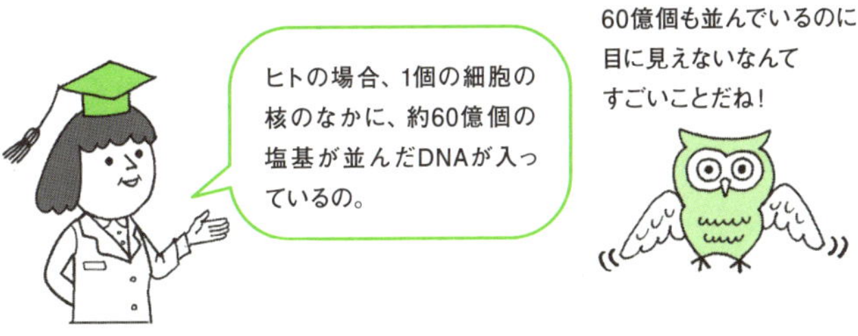

ヒトの場合、1個の細胞の
核のなかに、約60億個の
塩基が並んだDNAが入っ
ているの。
60億個も並んでいるのに
目に見えないなんて
すごいことだね！

＊1：DNAは、Deoxyribo＝デオキシリボ／Nucleic＝核の／Acid＝酸の頭文字を並べた略語。

020

DNAはどんな構造なの？

デオキシリボ核酸（DNA）は、2本の鎖が、らせん状に互いに絡み合っている形をしています。

2本の鎖はそれぞれ反対方向を向いて、アデニン（A）、グアニン（G）、シトシン（C）、チミン（T）という4種類の塩基によって結ばれています。

これらの塩基は結合しやすい相性（相補性）を持っていて、AはTと、GはCというように相手が決まっています。

AとT、GとCが向き合って結ばれ、はしご状になったものがぐるぐると右巻きのらせんを描いているのです。

これを、二重らせん構造といいます。

二重らせんの直径は約2nm*1で、DNAはとても細い糸のようなものです。

DNAの役割が解明されてから多くの研究が行われ、DNAはひとつのユニットがつながってできている、大きな分子であることがわかりました。

このユニットは、簡単な素材である塩基、糖、リン酸が結合したものでヌクレオチドと呼ばれています。

DNAのらせんは、ヌクレオチド10個で1回転しています。

二重らせん構造

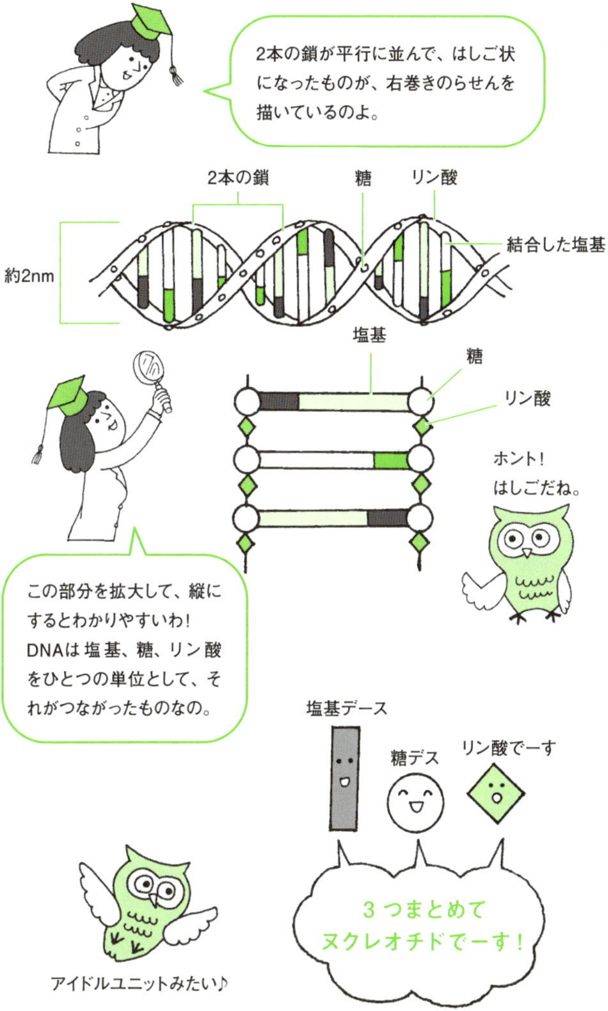

2本の鎖が平行に並んで、はしご状になったものが、右巻きのらせんを描いているのよ。
2本の鎖
糖
リン酸
結合した塩基
約2nm
塩基
糖
リン酸
ホント！
はしごだね。
この部分を拡大して、縦にするとわかりやすいわ！
DNAは塩基、糖、リン酸をひとつの単位として、それがつながったものなの。
塩基デース
糖デス
リン酸でーす
3つまとめて
ヌクレオチドでーす！
アイドルユニットみたい♪

＊1：nm（ナノメートル）は長さの単位。1nmは、1μm（マイクロメートル）の1000分の1の長さ。

021

DNAはどんな状態で核のなかにいるの？

通常、デオキシリボ核酸（DNA）は、核のなかでヒストンというタンパク質と結合して、コンパクトに収納されています。

DNAはヒストンの周りを1周し、また別のヒストンに次々と巻きついていき、ネックレスのようなクロマチンと呼ばれる安定した構造になっています。

この状態では、DNAは核に覆われているため、電子顕微鏡でも観察できません。

細胞は、分裂をしながら増えていきます。細胞分裂が始まると、核を包んでいた核膜が消失し、DNAはぎゅっと約1万倍に凝縮されて棒状の物体へと形を変えます。

この棒状の物体を染色体といい、電子顕微鏡で観察できるようになります。

ヒトのDNAは46本の染色体に分かれますが、その際、DNAは均等に分けられるわけではありません。

それぞれ染色体ごとにDNAの長さは異なっていて、46本の染色体すべてをつなげると、長さが2m近くになるのです。

また、染色体の数は、生物の種によって異なります。

核内のDNAの様子

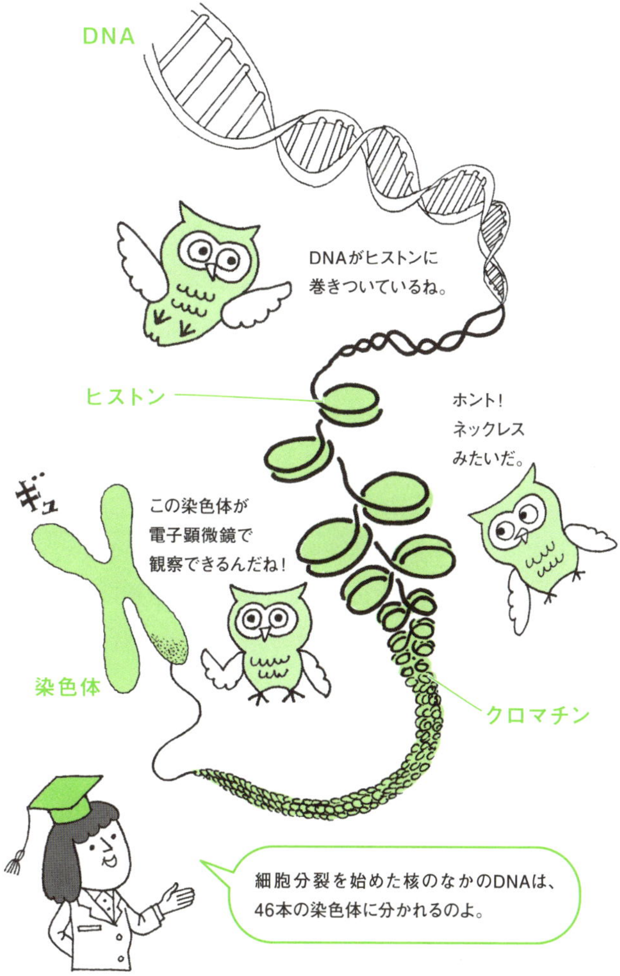

DNA
DNAがヒストンに
巻きついているね。
ヒストン
ホント！
ネックレス
みたいだ。
ギュ
この染色体が
電子顕微鏡で
観察できるんだね！
染色体
クロマチン
細胞分裂を始めた核のなかのDNAは、
46本の染色体に分かれるのよ。

022

なぜ染色体っていわれるの？

細胞が分裂するときは核を包んでいる核膜が消えて、ヒトの場合は、デオキシリボ核酸（DNA）が凝縮された46本の棒状の染色体になります。

このとき初めて、電子顕微鏡で観察できるようになります。

観察する際に、この棒状の物質がある色素でよく染まることから、染色体という名前がつけられました。

DNAは、ほどけた長いひも状のままでは分裂することが複雑すぎるため、凝縮した染色体という構造をとると考えられます。

46本の染色体は、母親と父親から1組ずつ受け継いだものです。そのため、細胞のなかには母方と父方の2本ずつが対になった、46本（23対）の染色体が存在します。

46本の染色体のうち、44本は同じ形の2本ずつが対になる染色体で、**常染色体**と呼ばれます。

常染色体は対ごとに大きさが違い、大きい順に1番から22番まで番号がつけられています。最後の23番目に当たる残りの2本は男女で異なるため、**性染色体**といわれています。

この**46本（23対）の染色体を総称して、「ゲノム」**といいます。

46本（23対）の染色体

ヒト（男性）の場合

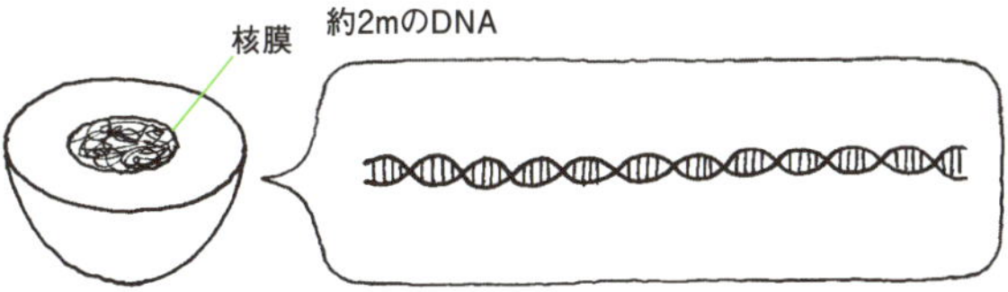
核膜
約2mのDNA

細胞は、分裂を始めると
核膜が消えて…。

↓

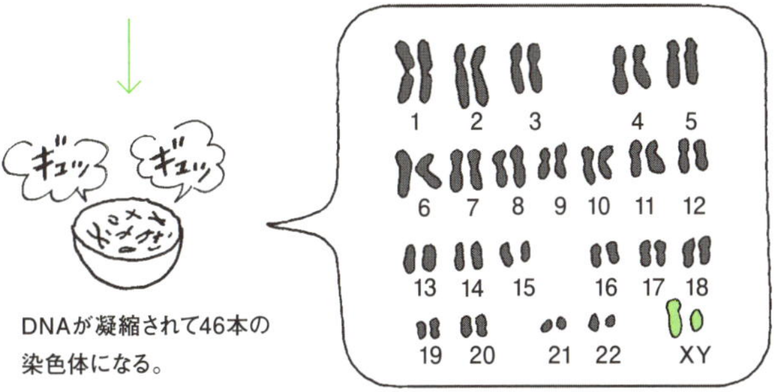
ギュッ
ギュッ
1 2 3 4 5
6 7 8 9 10 11 12
13 14 15 16 17 18
19 20 21 22 XY

DNAが凝縮されて46本の
染色体になる。

46本（23対）の染色体＝ゲノム

黒：常染色体／緑：性染色体

では、分裂を始めた細胞で、
染色体を観察してみましょう♪

わぁ！
色がついたよ!!

023

ＤＮＡは電子顕微鏡じゃないと見えないの？

デオキシリボ核酸（DNA）は、家庭でも簡単に目で見ることができます。

DNAを採るための材料には、レバー、ブロッコリー、タマネギなどがおすすめです。

作業の手順は、まず材料（例：タマネギ２分の１個程度）に、水30mlと台所用洗剤数滴を加えて、30秒から１分ほどミキサーにかけます。

次に、ミキサーの中身をコップに移して5g程度の食塩（塩化ナトリウム）*[1]を加え、箸で静かに混ぜます。すると、どろっとしたジェル状になるので、それを二重にしたガーゼでろ過し*[2]、ろ液を別の容器に入れます。

このろ液に、ろ液の２倍量の冷やしたエタノールを、容器の壁づたいに静かに注ぎます*[3]。

エタノールをすべて注ぎ入れて容器を揺すると、エタノール層に白くふわふわしたものが浮いてきます。これを箸でゆっくりかき回すと、巻きついてくるものがあります。これがDNAです。

通常は、目では観察できない、細胞のなかにあるDNAがかたまりになって見えるのです。

タマネギのDNAを見てみよう

①材料と道具を揃える。

エタノール
ガーゼ
台所用
洗剤
食塩
タマネギ
箸
ミキサー

②タマネギ2分の1個程度、水30 ml に台所用洗剤数滴を加える。

水

③30 秒～ 1分ほどミキサーにかける。

ガガ…
ガガ…

④液をコップに移し、5g程度の食塩を加えて、箸で静かに混ぜる。

ゆっくり
ぐるぐる

⑤ガーゼを二重にして④の液をろ過する。

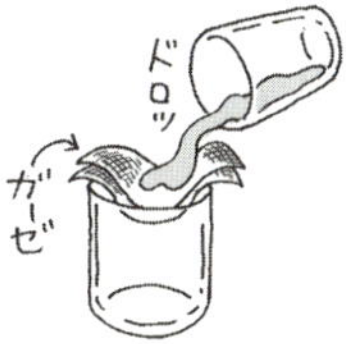

ドロッ
ガーゼ

⑥ろ液の約2倍量の冷たいエタノールを静かに注ぐ。

そーっと

⑦容器を揺するとDNAが浮いてくる。

箸でゆっくりかき回すとDNAが取り出せるよ。やってみよう!

＊1：食塩はタンパク質とDNAの結合を切ると考えられている。／＊2：ガーゼでろ過することで、壊れた細胞膜などが取り除かれる。／＊3：DNAはエタノールには溶けないため、エタノールを入れると沈殿する。

024

生物によって染色体の数が違うって本当？

本当です。生物の種によって、染色体の数は決まっています。

たとえば哺乳類では、ヒトは46本（23対）、チンパンジーは48本（24対）、イヌは78本（39対）、ネコは38本（19対）です。

植物では、タマネギは16本（8対）、キャベツは18本（9対）、シダについては1200本（600対）にもなります。

染色体の数を比べてみると、高等な生物の染色体が多いわけではなく、系統的には下等な植物のシダが、ヒトの約26倍も多いということは大変興味があります。

染色体の数というのは、その生物のデオキシリボ核酸（DNA）が、細胞分裂の際に、何回切断され、分かれて何本に収められているかを示す数字です。

染色体の数が多ければ、DNAの量も多いような印象を受けますが、そうではありません。

進化の過程で、1本の染色体が2本に分裂することや、2本の染色体が1本に融合することがあり、これが生物の種によって染色体の数に違いをもたらしたといわれています。

進化の過程で、偶然そうなったと考えられます。

種によって異なる染色体数

身近な生物の染色体数（2n）

ボクは
何本かな？

ヒト 46	チンパンジー 48
イヌ 78	ネコ 38
ウマ 64	ウシ 60
ブタ 40	金魚 104
ミミズ 32	タマネギ 16
キャベツ 18	シダ ～1200

2nってなに？

生物の多くは、母親と父親から半数ずつ（ヒトの場合は23本ずつ）の染色体を受け継ぐの。そういった生物を2倍体（2n）というのよ。

025

DNAの役割ってなに？

DNAの役割は、**複製**と**転写**のふたつです。

「複製」とは、細胞分裂のとき、遺伝情報を貯蔵してあるデオキシリボ核酸（DNA）をコピーして2倍に増やすプロセスのことです。生物は細胞分裂時に、同じDNAを複製して2個の細胞に分ける必要があります。この複製の際には、DNAの2本の鎖のあいだの塩基同士の結合が部分的にほどけて、ほどけた部分でそれぞれに相補的にDNAが合成され、最終的に二本鎖DNAがふたつになります。

「転写」とは、DNAの上に点在する遺伝子の情報を的確に読み取り、タンパク質をつくるためのリボ核酸（RNA）をつくるプロセスです。転写によってできたメッセンジャーRNA（mRNA）には、遺伝子の情報が正しく写されています。なお、mRNAの量は、タンパク質がどれだけ必要かによって決まります。

次に、mRNAはタンパク質をつくる工場であるリボソームに移動し、タンパク質が合成されます。このプロセスを**翻訳**といいます。

細菌からヒトにいたるすべての生物で、DNAは種を保存する目的でDNAを複製する一方、**DNA ⇒ RNA ⇒ タンパク質**という共通の流れで、毎日新しいタンパク質を合成しているのです。これを生命の一般原理であるとし、**セントラルドグマ**といいます。

複製、転写、翻訳の仕組み

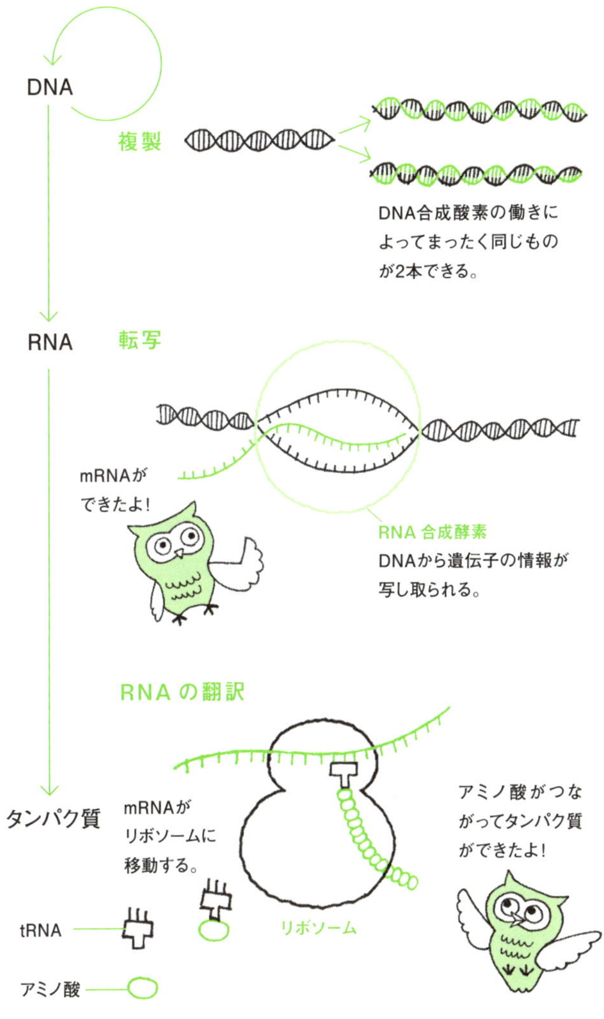

DNA
複製
DNA合成酵素の働きによってまったく同じものが2本できる。
RNA
転写
mRNAができたよ!
RNA 合成酵素
DNAから遺伝子の情報が写し取られる。
RNA の翻訳
タンパク質
mRNAがリボソームに移動する。
アミノ酸がつながってタンパク質ができたよ!
tRNA
リボソーム
アミノ酸

026

DNAの複製ってどんな仕組みなの？

デオキシリボ核酸（DNA）の構造では、塩基のアデニン（A）はチミン（T）と、グアニン（G）はシトシン（C）と、塩基対をつくっています。A＝TとG＝Cの塩基対が水素結合をしていることで、DNAは安定な形を保っています。

水素結合は、そのほかの化学結合に比べてはるかに弱いので、切れたりつながったりします。

DNAの複製は、ゼロから新しく合成されるのではなく、既存のDNAをもとにして複製されます。DNAの複製のときには、二本鎖の一部がほどけて一本鎖になります。ほどけた部分のそれぞれの一本鎖を鋳型にして、DNAが合成されていきます。

二本鎖DNAがおのおの鋳型となるためには、二本鎖がほどける必要がありますが、完全にほどけて1本になることはありません。

DNA鎖の材料となる4種類の塩基は、鋳型DNAの塩基配列と相補的になるように、DNAポリメラーゼというDNA合成酵素によって、順につなぎ合わさっていきます。

複製によってできた2組のDNAでは、二本鎖のうち1本は鋳型DNAそのもので、もう1本が複製の過程で合成されたものです。

このため、DNAの複製は半保存的な複製と呼ばれています。

複製の仕組み

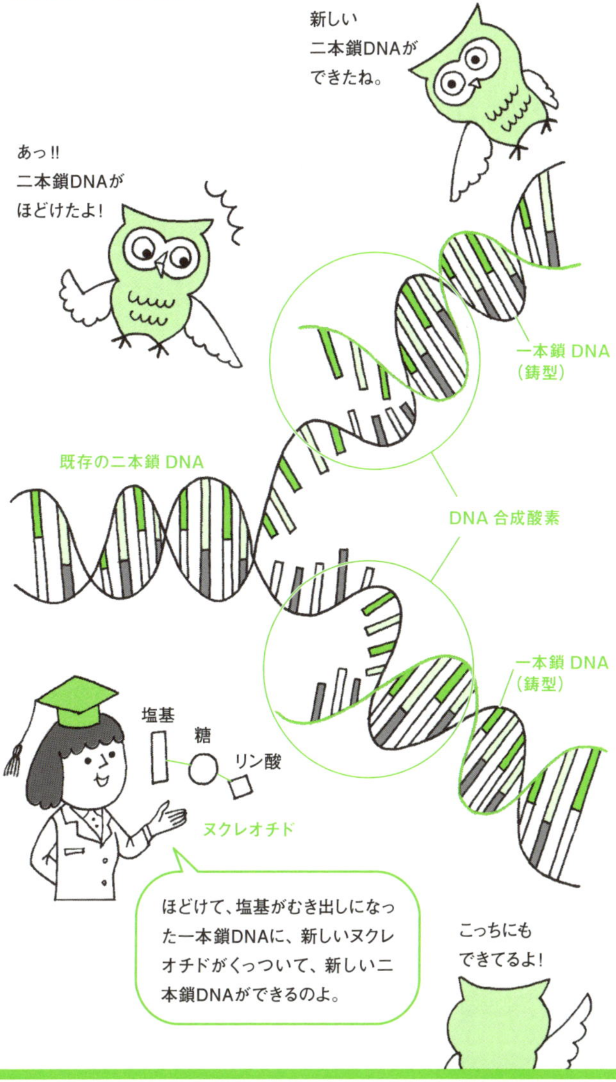
新しい
二本鎖DNAが
できたね。
あっ!!
二本鎖DNAが
ほどけたよ!
一本鎖 DNA
(鋳型)
既存の二本鎖 DNA
DNA 合成酵素
一本鎖 DNA
(鋳型)
塩基
糖
リン酸
ヌクレオチド
ほどけて、塩基がむき出しになった一本鎖DNAに、新しいヌクレオチドがくっついて、新しい二本鎖DNAができるのよ。
こっちにも
できてるよ!

027

細胞のなかには DNAしかないの？

じつは、細胞のなかにはデオキシリボ核酸（DNA）のほかに、リボ核酸（RNA）という化学物質があります。

DNAは二重らせん構造をした二本鎖ですが、RNAは一本鎖で、長さもDNAとは比べものにならないほど短いです。

DNAと構造が似ていて、RNAも4種類の塩基が直線的に並んだものです。しかしRNAの塩基は、アデニン（A）、グアニン（G）、シトシン（C）はDNAと同じなのですが、チミン（T）の代わりにウラシル（U）が使われています。

DNAは1種類ですが、RNAは大きく分けて3種類あります。

メッセンジャーRNA（mRNA）、リボソームRNA（rRNA）、トランスファーRNA（tRNA）です。

mRNAは、核のなかでDNAの遺伝子の情報を読み取って合成されるRNAで、合成後は核外に出て、リボソームに移動します。

rRNAは、リボソームを形成している構成成分です。リボソームは大小ふたつのサブユニットからなります。mRNAと出合って初めて会合してリボソームを形成し、タンパク質の合成の場となります。

tRNAは、分子量の小さなRNAで、mRNAの指示通りにアミノ酸をリボソームに運びます。

3種類のRNA

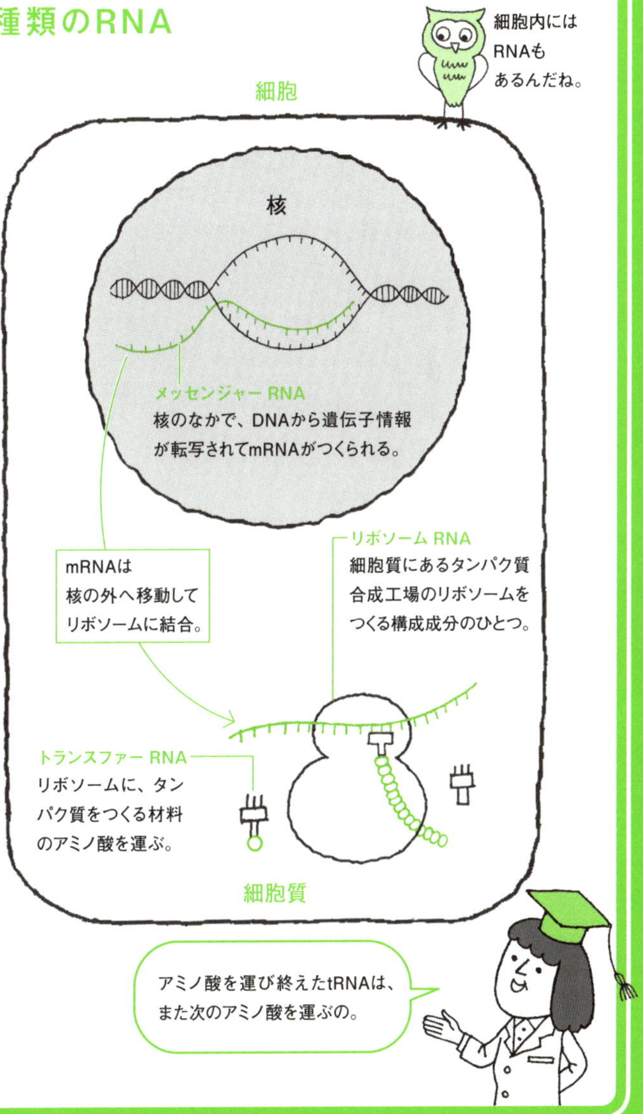

細胞内には
RNAも
あるんだね。
細胞
核
メッセンジャー RNA
核のなかで、DNAから遺伝子情報
が転写されてmRNAがつくられる。
mRNAは
核の外へ移動して
リボソームに結合。
リボソーム RNA
細胞質にあるタンパク質
合成工場のリボソームを
つくる構成成分のひとつ。
トランスファー RNA
リボソームに、タン
パク質をつくる材料
のアミノ酸を運ぶ。
細胞質
アミノ酸を運び終えたtRNAは、
また次のアミノ酸を運ぶの。

028

RNAの役割ってなに？

私たちの体のなかでは、毎日新しいタンパク質がつくられています。リボ核酸（RNA）は、おもにタンパク質を合成するときに活躍します。

メッセンジャーRNA（mRNA）は、デオキシリボ核酸（DNA）の上にある遺伝子に記録されている情報が転写されたRNAです。核内にあるDNAと、核外にあるタンパク質合成工場のリボソームとの橋渡しをする役割をしています。メッセンジャー（伝令）と名づけられたのも納得です。

リボソームRNA（rRNA）は、リボソームの構成成分として支える役割をしています。細胞内のリボソームの数は、きわめて多数あるため、DNA上にrRNA遺伝子もたくさんあります。核内でrRNAが合成されると、核外に輸送されリボソームタンパク質とともに大小ふたつのサブユニットとなります。その後、mRNAと出合ってリボソームとなり、タンパク質の合成が可能となります。

トランスファーRNA（tRNA）は、mRNA上にあるアミノ酸の種類を決める3つずつの塩基を読み取り、アミノ酸をリボソームに運ぶ（トランスファー）役割をしています。アミノ酸は全部で20種類ありますが、すべてのアミノ酸に対応するtRNAがあります。

3種類のRNAの働き

メッセンジャー RNA

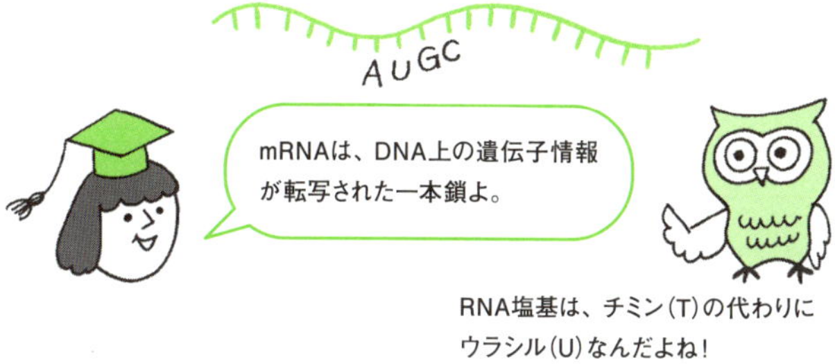

AUGC
mRNAは、DNA上の遺伝子情報が転写された一本鎖よ。
RNA塩基は、チミン(T)の代わりにウラシル(U)なんだよね！

リボソーム RNA

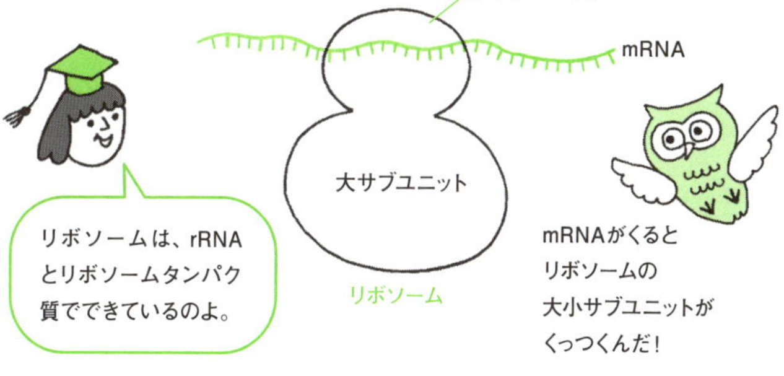

小サブユニット
mRNA
大サブユニット
リボソーム
リボソームは、rRNAとリボソームタンパク質でできているのよ。
mRNAがくるとリボソームの大小サブユニットがくっつくんだ！

トランスファー RNA

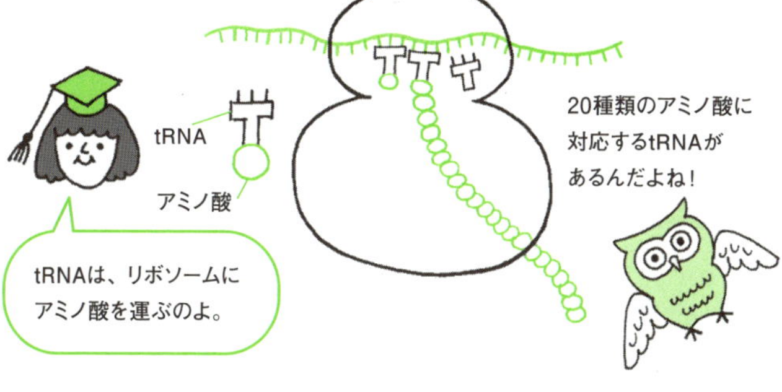

tRNA
アミノ酸
20種類のアミノ酸に対応するtRNAがあるんだよね！
tRNAは、リボソームにアミノ酸を運ぶのよ。

029

タンパク質はどうやってつくられるの？

細胞分裂をするときなどタンパク質が必要になると、デオキシリボ核酸（DNA）に点在する遺伝子の一部分がほどけて転写されて、メッセンジャーRNA（mRNA）ができます。

mRNAは核の外に出て、細胞質にあるタンパク質合成工場のリボソームと結合します。

リボソームはmRNAの塩基配列にしたがって、アミノ酸を次々につなげていきます。mRNAの塩基配列では、塩基3つが1組となり、ひとつのアミノ酸を決めています。

この、3つ1組の塩基配列をコドンといいます。

タンパク質は、アミノ酸を数珠のようにつなげてつくられます。

アミノ酸をリボソームまで運んでくるのは、トランスファーRNA（tRNA）です。リボソームがmRNAを移動すると、アミノ酸の荷札をつけたtRNAが、コドンに対応したアミノ酸を次々と結合してアミノ酸の数珠ができ、タンパク質合成が完成します。

このような、mRNAからタンパク質がつくられていく過程を翻訳といいます。

タンパク質は、20種類のアミノ酸が数十から数百個結合したもので、その並び方によって何十万種類ものタンパク質ができます。

遺伝暗号表（mRNA塩基とアミノ酸の関係）

	U		C		A		G		
U	UUU	フェニルアラニン	UCU	セリン	UAU	チロシン	UGU	システィン	U
	UUC	フェニルアラニン	UCC	セリン	UAC	チロシン	UGC	システィン	C
	UUA	ロイシン	UCA	セリン	UAA	終止	UGA	終止	A
	UUG	ロイシン	UCG	セリン	UAG	終止	UGG	トリプトファン	G
C	CUU	ロイシン	CCU	プロリン	CAU	ヒスチジン	CGU	アルギニン	U
	CUC	ロイシン	CCC	プロリン	CAC	ヒスチジン	CGC	アルギニン	C
	CUA	ロイシン	CCA	プロリン	CAA	グルタミン	CGA	アルギニン	A
	CUG	ロイシン	CCG	プロリン	CAG	グルタミン	CGG	アルギニン	G
A	AUU	イソロイシン	ACU	トレオニン	AAU	アスパラギン	AGU	セリン	U
	AUC	イソロイシン	ACC	トレオニン	AAC	アスパラギン	AGC	セリン	C
	AUA	イソロイシン	ACA	トレオニン	AAA	リジン	AGA	アルギニン	A
	AUG	メチオニン(開始)	ACG	トレオニン	AAG	リジン	AGG	アルギニン	G
G	GUU	バリン	GCU	アラニン	GAU	アスパラギン酸	GGU	グリシン	U
	GUC	バリン	GCC	アラニン	GAC	アスパラギン酸	GGC	グリシン	C
	GUA	バリン	GCA	アラニン	GAA	グルタミン酸	GGA	グリシン	A
	GUG	バリン	GCG	アラニン	GAG	グルタミン酸	GGG	グリシン	G

mRNAの3つの塩基に対して、対応するアミノ酸が決まっているのよ。このアミノ酸の並び方によって、つくられるタンパク質が違ってくるの。翻訳の始まりと終わりを指定するコドンもあるのよ。

翻訳の始まりは、
絶対AUGなんだね。

030

タンパク質をつくるときに間違えたりはしないの？

間違えることはありません。

リボソームは、メッセンジャーRNA（mRNA）の3つの塩基、コドンを単位として読み取りながら、決められたアミノ酸を正確につなげて、タンパク質をつくっていきます。

間違ったタンパク質がつくられるのは、遺伝子に欠陥が1カ所でもあった場合です。設計図自体に欠陥があると、異常なタンパク質がつくられてしまいます。

遺伝子の塩基配列が、次のアルファベットのようにABC：DEF：GHI：JKL…と並んでいるとします。mRNAも、同じ順序で転写していきます。

そして、ABC：DEF：GHI：JKLに相当するアミノ酸がつながれて、正常なタンパク質がつくられます。

しかし、外部からのストレスによって、塩基Hが消失してしまったり、塩基Hの前に別の塩基が挿入されてしまったりすることがあります。

すると、違うアミノ酸がつながれてしまうため、異常タンパク質になってしまいます。

このようなときに、私たちは病気になってしまうのです。

間違ったタンパク質がつくられる場合の例

正常な遺伝子の塩基配列

A	B	C	D	E	F	G	H	I	J	K	L
○			△			□			◇		

正常なアミノ酸

遺伝子の塩基がひとつ消失

ストレス
H

A	B	C	D	E	F	G	I	J	K	L	M
○			△			⊠			◉		

正常なアミノ酸　　違うアミノ酸

本当は、GHIに相当するアミノ酸がつながれてタンパク質がつくられるはずだったのに、Hがなくなったことで、GIJになってしまったわ。Hがひとつなくなっただけで、以降も間違ったタンパク質がつくられてしまうの。

なにかの拍子で、塩基がひとつ入ってしまった場合も同じよ。以降の塩基配列に狂いが生じてしまうわ。

遺伝子の塩基がひとつ挿入

A	B	C	D	E	F	G	X	H	I	J	K
○			△			⊗			▣		

正常なアミノ酸　　違うアミノ酸

Xが入っちゃった!!

031

ゲノムってなに？

ゲノム（genome）とは、遺伝子「gene」と、染色体「chromosome」を合わせてつくられた言葉で、**その生物が持つ全デオキシリボ核酸（DNA）の総称**です。

つまり、ひとつの生命をつくるうえで必要な全遺伝情報であるといえます。

核のなかにあるDNAは、細胞分裂が始まるとぎゅっと凝縮されて、棒状の物体である染色体になります。

たとえば、私たちヒトの染色体は、2本ずつの対になって、ひとつの細胞内に46本（23対）あります。

DNAは1本ずつ区別することが難しいので、染色体46本分をまとめてゲノムとして扱います。

受精によってできた46本の染色体を持つ受精卵が、細胞分裂を繰り返して私たちの体をつくっていることから、ゲノムは遺伝の基本単位であるともいわれます。

また、私たちの細胞のなかには、核以外にも、ミトコンドリアという小器官がDNAを持っています。

ミトコンドリアDNAを**ミトコンドリアゲノム**ということもあるので、核に収められているゲノムを**核ゲノム**ということもあります。

遺伝の基本単位

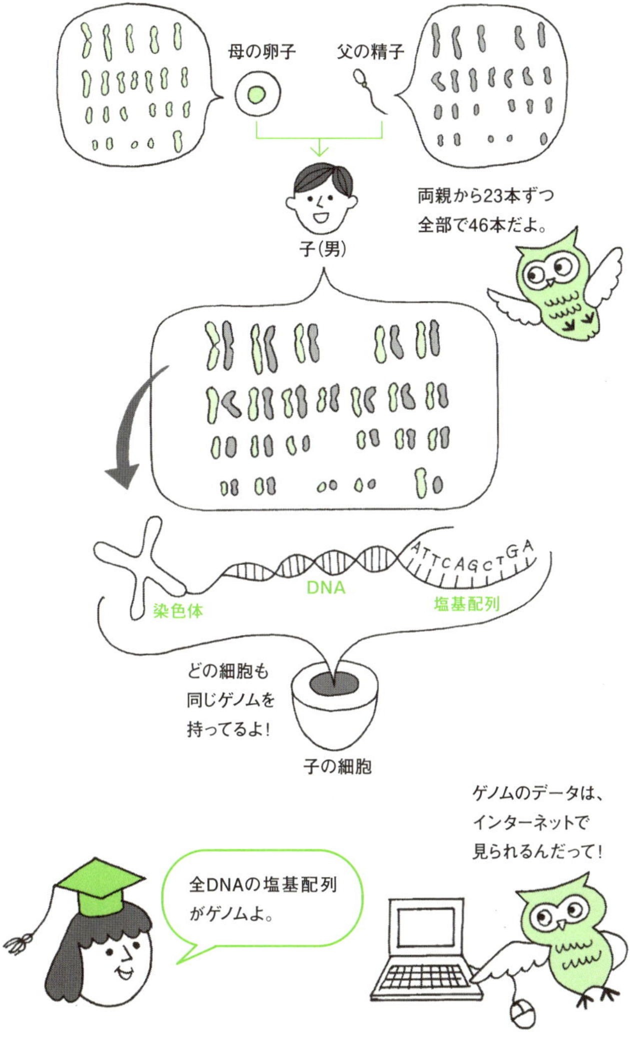
母の卵子
父の精子
子(男)
両親から23本ずつ
全部で46本だよ。
ATTCAGCTGA
DNA
染色体
塩基配列
どの細胞も
同じゲノムを
持ってるよ!
子の細胞
ゲノムのデータは、
インターネットで
見られるんだって!
全DNAの塩基配列
がゲノムよ。

032

ヒトゲノムってなに？

ヒトゲノムとは、私たちヒトの細胞の核に収められている全デオキシリボ核酸（DNA）のことです。

DNAは、染色体となって、親から子へと受け継がれます。ヒトの場合は、母親の卵子から23本の染色体を、父親の精子から23本の染色体を受け継ぎ、46本（23対）になります。

この46本（23対）の染色体を総称して、ヒトゲノムといいます。

1984年から、ヒトのゲノムを解読する計画が始まりました。

この計画が始まる前は、ヒトの遺伝子は、10万個くらいなのではないかと予想されていました。

しかし、解読が進んだ2003年に、遺伝子数の推定値は3万個と発表されました。

その後の解析が進むにつれて、この推定値は誤りであり、実際には2万～2万数千個であると、2004年に英国の科学誌に掲載されました。ですが、この推定値もはっきりしたものではなく、最低でもこれくらいあるだろう、という数字です。

まだ見つかっていない遺伝子もあるようです。

こんなに数少ない遺伝子によって、私たちの複雑な体や脳などがつくられているという事実は、科学者にとって大きな驚きでした。

研究が続くヒトゲノム解析

ゲノムの解析

採血
細胞
46本の染色体から
全DNAを解析

46本分の
染色体をまとめて
「ゲノム」というよ。

ヒトゲノムの全DNAの塩基
配列が解明されている。

ヒトゲノムの個人差は約 0.1%

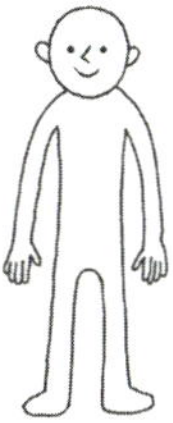

2～3万個ある遺伝子のなかに、1000万カ所あるスニップと呼ばれる塩基ひとつの違いが個人差を生む。

0.1%しか
違わないの!?

数値上はそうなるのよ。でも、個性は、環境的要因でも左右されるの。また、概数や位置はわかってきているけれど、いまだに発見されていない遺伝子や機能がわからない遺伝子もあるから、まだまだ研究は続くわ。

033

ゲノムプロジェクトってなにをするの？

ゲノムプロジェクトは、いろいろな生物のデオキシリボ核酸（DNA）の塩基配列を調べて比較することにより、生物の進化を解明しようとする研究です。

現在ではヒトのほかに、大腸菌、酵母、ラン藻、イネ、線虫、ショウジョウバエ、ホヤ、ウニなどのゲノムが解読されています。

さまざまな生物のゲノムの解読が進んだ結果、驚いたことに、動物の遺伝子の数と種類は、どの動物もほとんど同じであることが明らかになりました。

下等生物と考えられていたウニの遺伝子数は、ヒトとほぼ同じで、70 %がヒトと共通していることもわかりました。眼や脳をつくる遺伝子は、ヒトとほとんど同じものを持っています。

しかし、形がまったく異なるのは、異なっている遺伝子以外に、発現調節領域の違いが、ヒトとウニの違いを生じさせているものと考えられています。

ゲノムプロジェクトにより、各生物の遺伝子の概数とゲノム上の位置はわかってきていますが、まだまだ機能がわかっていない遺伝子や遺伝子以外の領域があり、研究はこれからも続きます。

ゲノムが解読されている生物

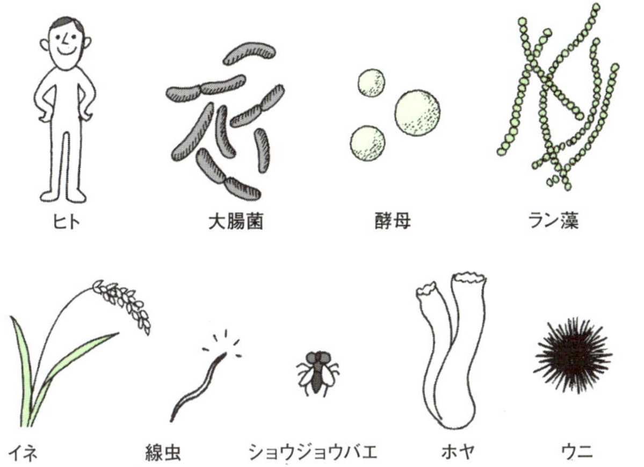
ヒト
大腸菌
酵母
ラン藻
イネ
線虫
ショウジョウバエ
ホヤ
ウニ

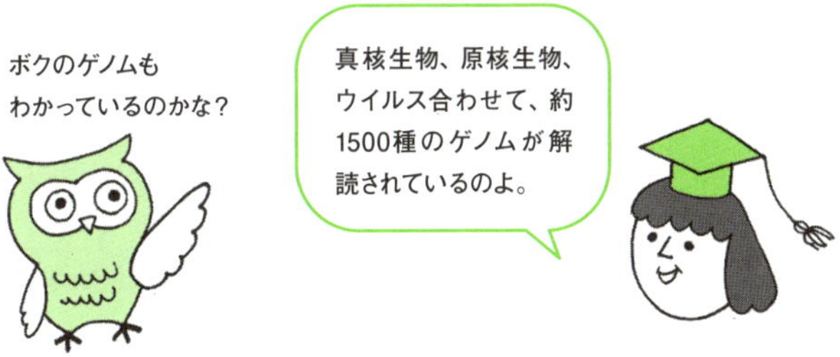
ボクのゲノムも
わかっているのかな?
真核生物、原核生物、ウイルス合わせて、約1500種のゲノムが解読されているのよ。

ゲノムの解読が進んだ結果…
意外な事実が判明!

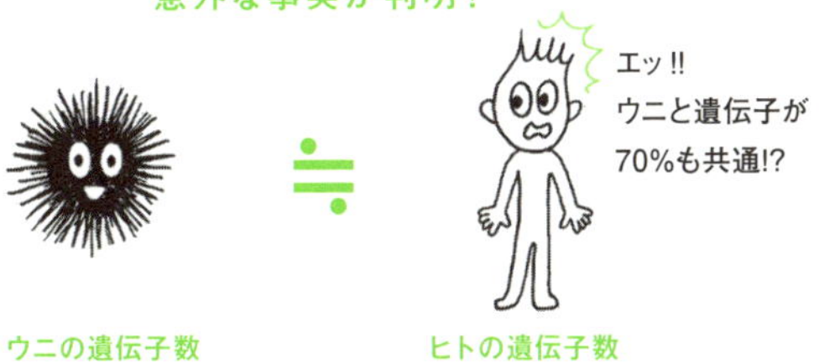
エッ!!
ウニと遺伝子が
70%も共通!?
≒
ウニの遺伝子数
ヒトの遺伝子数

034

ヒトゲノムプロジェクトってなんのためにしたの？

1990年に米国で「ヒトゲノムプロジェクト」が発足し、英国、フランス、ドイツ、日本、中国が参加しました。

これにともない、デオキシリボ核酸（DNA）の解析機器が発達し、解析が予定より速く進み、おおまかですがゲノムの全体像が見えてきました。

ゲノムに含まれる情報が明らかにされると、病気の診断や原因の解明、治療法の開発などが進みます。

ヒトゲノムプロジェクトは、医療を変えることができるのです。

遺伝子が関わる病気については、どの遺伝子が原因かがわかります。遺伝病だけでなく、生活習慣病、がんなどの病気に関わる遺伝子もわかってきました。

原因がわかれば診断ができて、治療法の開発も行えます。遺伝子が悪いのならゲノム創薬*1も、遺伝子治療も可能になります。

しかし、ゲノムには個人差があります。個人個人でDNAの塩基配列が違っています。

そのため、薬の効き方にも個人差があります。今後は、個人に合わせたオーダーメイドの医療も発達することでしょう。

ヒトゲノム解読終了までの意外な裏側

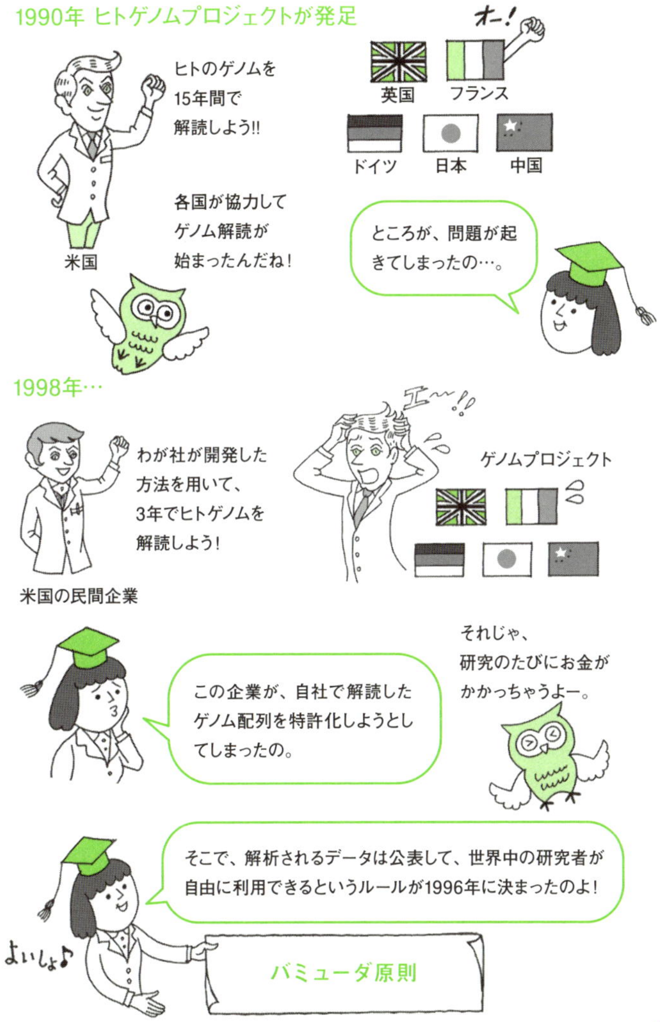
1990年 ヒトゲノムプロジェクトが発足
ヒトのゲノムを
15年間で
解読しよう!!
米国
オー!
英国
フランス
ドイツ
日本
中国
各国が協力して
ゲノム解読が
始まったんだね！
ところが、問題が起きてしまったの…。
1998年…
わが社が開発した
方法を用いて、
3年でヒトゲノムを
解読しよう！
米国の民間企業
エ〜!!
ゲノムプロジェクト
この企業が、自社で解読したゲノム配列を特許化しようとしてしまったの。
それじゃ、
研究のたびにお金が
かかっちゃうよー。
そこで、解析されるデータは公表して、世界中の研究者が自由に利用できるというルールが1996年に決まったのよ！
よいしょ♪
バミューダ原則

＊1：コンピュータ解析などで得られたヒトゲノム情報を元に、病気や体質の原因となる悪い遺伝子を突き止め、その遺伝子がつくるタンパク質などを直接やっつけるなど、効果的な医薬品をつくる新しい薬のこと。

035

パーソナルゲノムってなに？

私たち、ひとりひとりのゲノムをパーソナルゲノムといいます。

米国では、唾液のサンプルを提供すれば、誰でもパーソナルゲノムを解読してもらえるビジネスが始まっています。

二本鎖になっているデオキシリボ核酸（DNA）の片方1本の約30億個ある塩基配列*1を1時間20分ほどで解読できるようです。

この解読を20回繰り返すと、99％以上の正確な結果が得られるそうです。

DNA解析技術の驚異的な進歩のおかげで、自分のゲノムを自分のパソコンで見られる時代になりました。

パーソナルゲノムがわかれば、病気の予測ができて、予防することも可能です。米国では、医療費を削減できるとして、パーソナルゲノムの解読を奨励しています。

しかし、治療できない病気を予測されてしまう場合もあるため、検査を受ける際に悩む人もいるようです。

また、遺伝情報の秘密保持や管理は、きわめて重要です。

DNA解読は、私たちが遺伝子と、どうつき合っていったらよいかを考えるテーマとなるでしょう。

究極の個人情報!? パーソナルゲノム

2012年 慶応大学冨田勝教授が日本人で初めて自身の全ゲノムデータを公開。

これまでにも、DNAの二重らせん構造を発見したワトソンらが、自身のゲノム配列を公開しているのよ。

ゲノム解析のワークショップを開講

冨田教授

- ゲノムから見た冨田教授の適職診断
- 冨田教授が注意すべき生活習慣病
- 冨田教授がオリンピックに出場するならこの種目

学生たちがそれぞれのテーマで教授のパーソナルゲノムを解析した。

パーソナルゲノムから得意、不得意がわかるなんてスゴイね！

パーソナルゲノムを調べることで病気の予測ができ、予防することも可能になるのよ。

＊1：二本鎖DNAのうち、片方1本に情報がのっている。sense strand（意味のある鎖）という。

036

細胞分裂はどのように行われるの？

細胞分裂とは、1個の細胞が2個の細胞に分かれることです。体の細胞を増やす分裂を、体細胞分裂といいます。

体細胞分裂では、まずデオキシリボ核酸（DNA）が2倍に複製されます。複製が完了したDNAは、凝縮してコンパクトにまとまり、染色体の構造になります。

次に、核膜や核小体が細かくちぎれて消失し、中心体がふたつに分かれて細胞の両端に移動します。そして、中心体から微小管が延びると、2倍になった染色体はペアになって中央に整列します。

2倍の染色体は、さらに微小管に引っぱられ、別々に分かれて、両端に移動します。

染色体が分かれると、細胞の真ん中がくびれ、核膜ができ始めます。くびれが完了すると、分裂は終了して2個の細胞になります。

体細胞分裂は、単細胞生物が増殖するときや、多細胞生物が受精卵から個体になる過程で細胞を増やすときに行われます。

また、私たちの体の組織の細胞を、毎日新しくつくり直すときにも、体細胞分裂が行われています。

分裂前の細胞と新しくできた2個の細胞は、まったく同じDNAを持っています。

体細胞分裂の仕組み

①細胞分裂のための準備

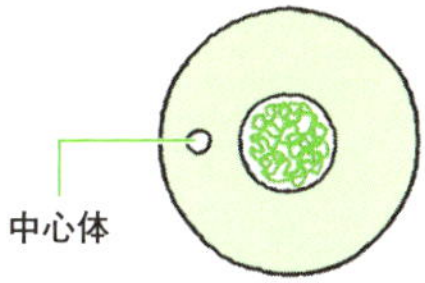
中心体

DNAが2倍に複製される。

②DNAの凝縮

中心体が分かれ始め、
DNAがコンパクトにまとまる。

③核膜や核小体の消失

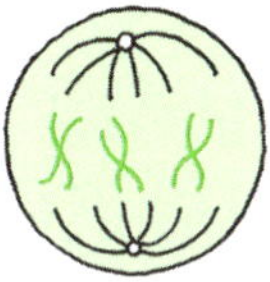

2倍に増えた染色体はペアになっている。

④染色体が中央に整列

中心体から伸びる微小管は染色体につながっている。

⑤染色体の分離

染色体が分離して、中心体のほうへ引っぱられる。

⑥くびれができる

細胞にくびれができて、核膜ができ始める。

⑦細胞質の分裂

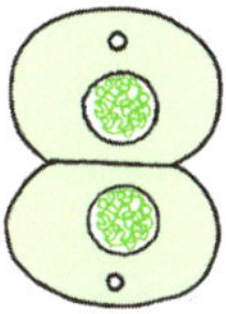

細胞がふたつに分裂し、染色体はひも状に戻る。

ミトコンドリアなどの
細胞小器官も均等に
入っているのよ。

037

体細胞分裂が速いのはどこの細胞？

私たちの体のなかで、活発な体細胞分裂をして増殖しているのは、**腸上皮**、**皮膚**、**血液**などの組織です。

たとえば、小腸上皮ではわずか数日、皮膚では約1カ月、赤血球では120日で組織の細胞が入れ替わり、古い細胞は失われています。

がん細胞は、正常細胞に比べて分裂するスピードが速いので、この増殖速度の速いがん細胞を狙ってやっつける抗がん剤*[1]が開発されています。

がんの患者に、この種類の抗がん剤を投与したときに、皮膚の一部である髪の毛が抜けてしまったり、吐き気やおう吐が出たり、白血球の数が減少したりするなど、重篤な副作用が出る場合があります。

これは、抗がん剤が、増殖速度の速いがん細胞を殺すのと同時に、髪の毛や消化管などの増殖速度が速い正常な細胞にもダメージを与えてしまうからです。

しかし、すべての抗がん剤が、副作用として髪の毛が抜けるわけではありません。

がん細胞の増殖に関わるホルモンに作用する薬や、体の免疫を高めてがんを抑える薬など、いろいろな種類の抗がん剤が開発されています。

細胞分裂が活発な部位

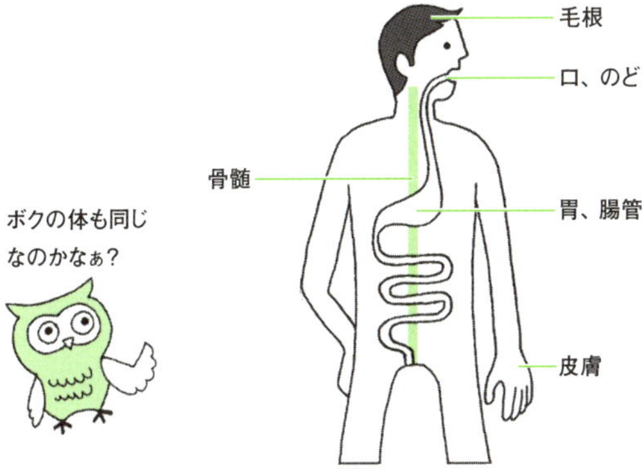
毛根
口、のど
骨髄
胃、腸管
皮膚
ボクの体も同じ
なのかなぁ?

細胞と抗がん剤の関係

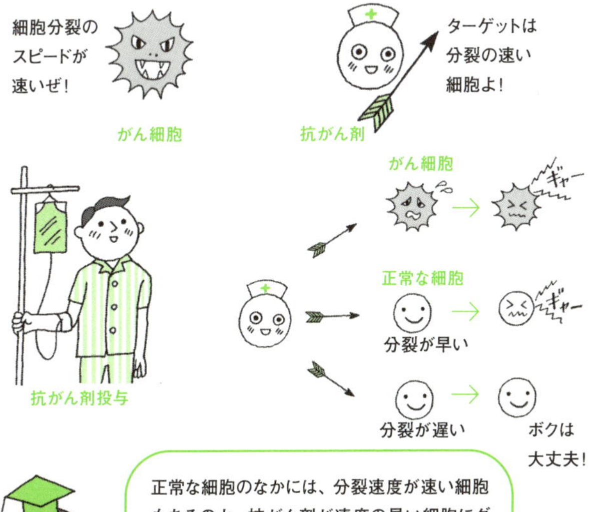
細胞分裂の
スピードが
速いぜ!
がん細胞
ターゲットは
分裂の速い
細胞よ!
抗がん剤
抗がん剤投与
がん細胞
ギャー
正常な細胞
ギャー
分裂が早い
分裂が遅い
ボクは
大丈夫!

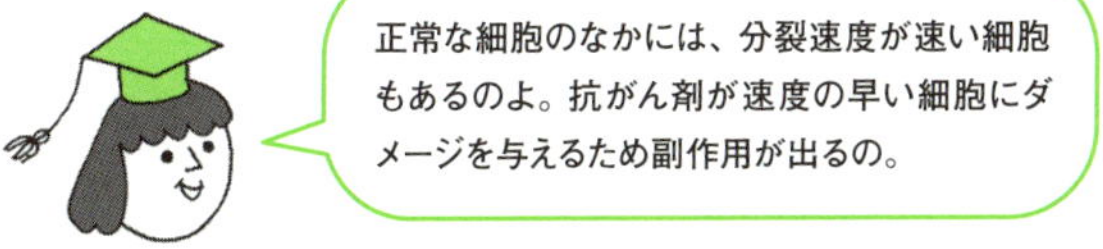
正常な細胞のなかには、分裂速度が速い細胞
もあるのよ。抗がん剤が速度の早い細胞にダ
メージを与えるため副作用が出るの。

＊1：おもに、がん細胞のDNA合成を抑える。

038

特別な細胞分裂があるって本当？

本当です。1個の細胞が、染色体の数を変えずに2個以上に増える分裂を「体細胞分裂」といいますが、それとは異なった減数分裂があります。

減数分裂は、受精に必要な卵子と精子をつくるための特別な細胞分裂です。2回分裂することで、染色体の数を半分に減らします。

細胞のなかには同じ形の染色体が2本ずつあり、ヒトの染色体は46本（23対）です。受精の際に、母親からと父親から1組（23本）ずつの染色体をもらうことで、46本（23対）になります。

そのため、卵子と精子は受精に先立って、染色体を23本に減数する必要があるのです。

卵子や精子は、「生殖母細胞」と呼ばれる細胞からつくられます。卵子の生殖母細胞を「卵母細胞」、精子の生殖母細胞を「精母細胞」といいます。

卵母細胞、精母細胞の両細胞では、まず染色体が複製して1個の細胞に、それぞれ染色体を2セット（4本）持つようになります。

その後、両細胞で、減数分裂が2回起こり、染色体をそれぞれ半減させていきます。最後につくられた各4個の卵子と精子は、各々染色体を1本ずつ持つことになります。

精子の減数分裂

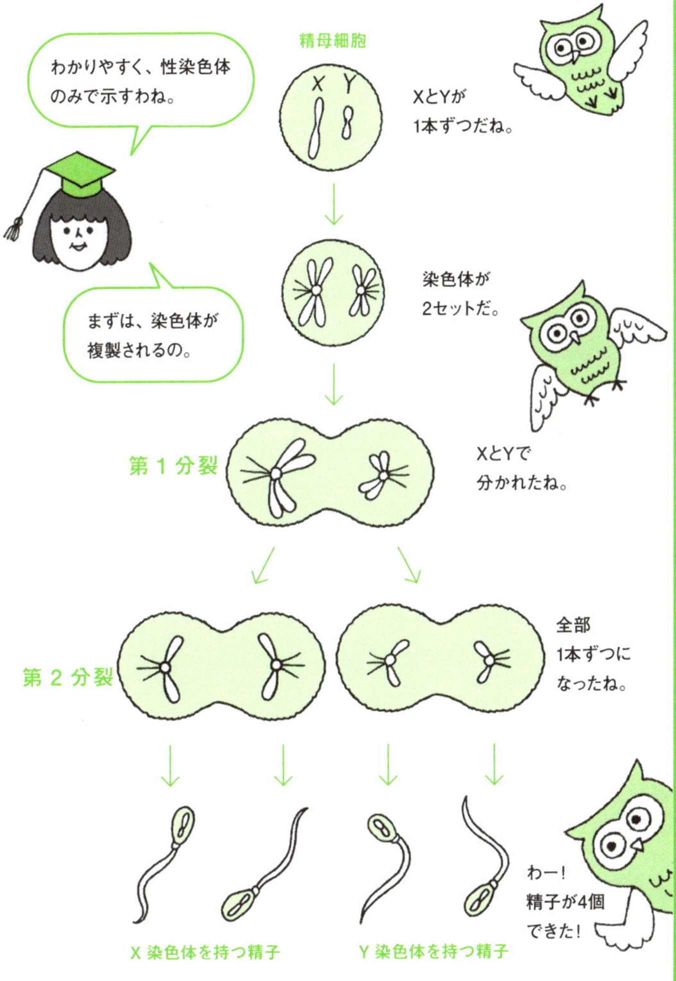
精母細胞
わかりやすく、性染色体のみで示すわね。
X Y
XとYが1本ずつだね。
まずは、染色体が複製されるの。
染色体が2セットだ。
第1分裂
XとYで分かれたね。
第2分裂
全部1本ずつになったね。
わー！精子が4個できた！
X 染色体を持つ精子
Y 染色体を持つ精子

039

減数分裂ってどんな仕組みなの？

減数分裂の仕組みは、卵子と精子で少し違いがあります。

ヒトの女性の場合、卵子をつくる卵母細胞では、細胞分裂をしないでまず染色体が複製されるので、1個の細胞に4本のX染色体を持ちます。

次に起こる第1回目の減数分裂では、細胞が2個に分かれますが、このとき染色体の数が半減されるので、2個の細胞は2本ずつの染色体を持ちます。

2本ずつの染色体に分かれるとき、X染色体に遺伝的な組み換えが起きる点が特徴です。この組み換えを交叉といいます。

第2回目の減数分裂では、2個の細胞が4個に分裂し、4個の細胞は半減された1本のみのX染色体を持ちます。

なお、4個の卵細胞のうち、1個だけが卵子になり、ほかの3個は退化してしまいます。

男性の場合は、同じように2回の減数分裂で、各染色体を1本持つ4個の精細胞ができます。しかし、男性の場合は退化することなく、4個とも精子になります。2個の精子は1本ずつX染色体を持ち、ほかの2個の精子は1本ずつY染色体を持ちます。また、精子の場合にはX染色体、Y染色体とも交叉は起きません。

卵子の減数分裂

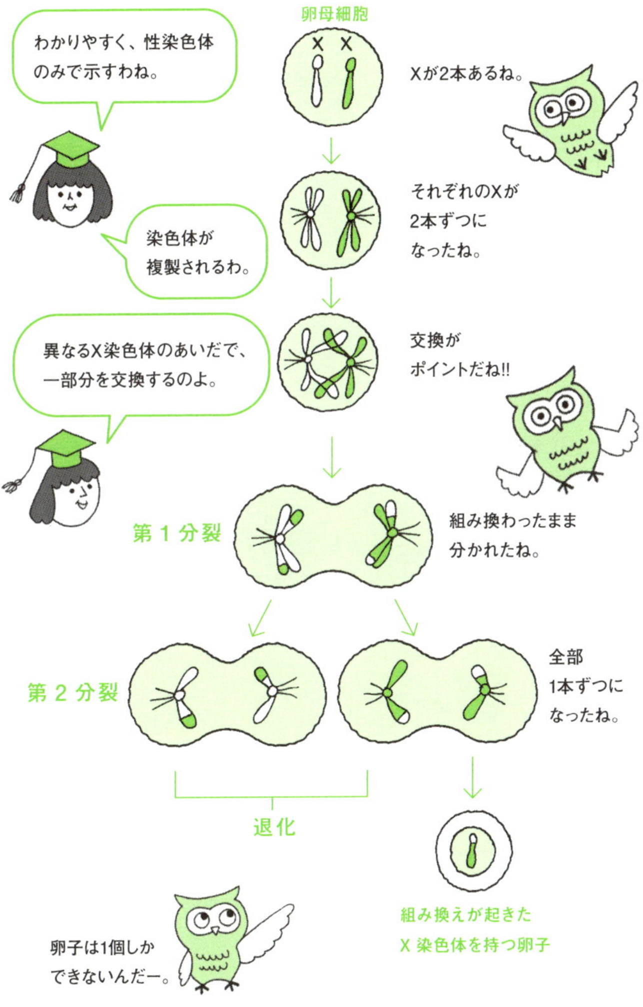
卵母細胞
わかりやすく、性染色体のみで示すわね。
Xが2本あるね。
染色体が複製されるわ。
それぞれのXが2本ずつになったね。
異なるX染色体のあいだで、一部分を交換するのよ。
交換がポイントだね!!
第1分裂
組み換わったまま分かれたね。
第2分裂
全部1本ずつになったね。
退化
卵子は1個しかできないんだー。
組み換えが起きたX染色体を持つ卵子

040

同じDNAからできているのに なぜ爪の細胞は心臓にならないの？

私たちの体は、すべて同じ細胞、同じデオキシリボ核酸（DNA）から構成されていますが、**爪の細胞は、心臓の細胞にはなりません**。

1個の受精卵から私たちの体をつくるためには、体細胞分裂が繰り返し行われて、約60兆個の細胞になります。

胎児期に特定の遺伝子が働くと、分裂をしている細胞はそれぞれ違う役目を担っている臓器、組織、骨、髪の毛などに分化します。

これらの臓器、組織などは、すべて同じ細胞、同じDNAからできていますが、臓器や組織によって働いている遺伝子と眠っている遺伝子が異なるために、それぞれ特徴ある働きや性質を示すようになります。

爪の細胞は、すでに爪に分化され、爪の機能を持つ遺伝子だけが働いています。心臓の機能を持つ遺伝子は眠っているため、心臓の細胞にはなれないのです。分化した臓器は後戻りができないのです。

しかし、ノーベル賞を受賞した京都大学山中伸弥教授が、ヒトの皮膚の細胞に特定の遺伝子を注入して作成したiPS細胞は、この分化を人為的にリセットして後戻りができ、どの細胞にも変化できるようになりました。

細胞の分化

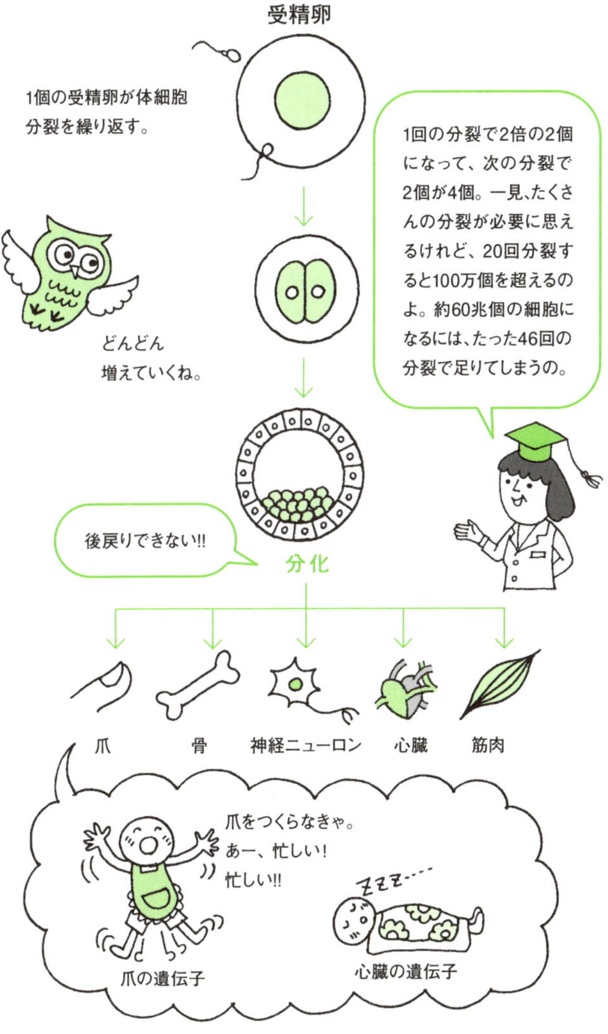
受精卵
1個の受精卵が体細胞分裂を繰り返す。
1回の分裂で2倍の2個になって、次の分裂で2個が4個。一見、たくさんの分裂が必要に思えるけれど、20回分裂すると100万個を超えるのよ。約60兆個の細胞になるには、たった46回の分裂で足りてしまうの。
どんどん増えていくね。
後戻りできない!!
分化
爪
骨
神経ニューロン
心臓
筋肉
爪をつくらなきゃ。あー、忙しい!忙しい!!
ZZZ‥‥
爪の遺伝子
心臓の遺伝子

041

同じ細胞からできているのになぜ臓器によって働きが違うの？

ヒトの体は、すべて同じデオキシリボ核酸（DNA）を持つ細胞で構成されていますが、細胞ごとに異なる遺伝子が働いていることがわかりました。

1個の細胞には、約3万個の遺伝子があります。

しかし、私たちの体はとてもサボリ魔で、細胞のなかで実際に働いている遺伝子は約3分の1程度で、残りの遺伝子は眠った状態でいます。

たとえば、肝臓の細胞では、遺伝子Aのメッセンジャー RNA（mRNA）がたくさんつくられ、遺伝子BのmRNAはちょっとだけ、遺伝子Cはまったくつくられないとします。

それが心臓の細胞では、遺伝子CのmRNAがたくさんつくられ、遺伝子Bはちょっとだけ、遺伝子Aはまったくつくられないという状態でいます。

タンパク質は、mRNAに写し取られた情報をもとにつくられますが、各臓器の細胞で働く遺伝子が異なると、それに応じてmRNAの種類や量も変わります。

そのため、つくられるタンパク質も違うので、各臓器の特徴が現れるのです。

細胞のなかの遺伝子

遺伝子

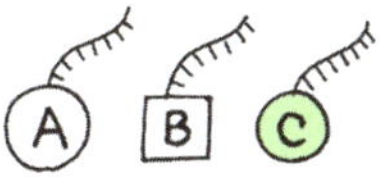

遺伝子がつくるmRNA

肝臓の細胞のなかでは…

働き者の遺伝子A　　サボリ魔の遺伝子C

心臓の細胞のなかでは…

働き者の遺伝子C　　サボリ魔の遺伝子A

臓器によって働き者の遺伝子が異なることで、つくられるmRNAの量も変わってくるの。mRNAの種類や量が変われば、つくられるタンパク質も違ってくるから、それが特徴として現れるのよ。

042

ヒトとチンパンジーの遺伝子は似ている？

ヒトとチンパンジーのデオキシリボ核酸（DNA）は、とてもよく似ていることがわかっています。

地球に生物が誕生してから哺乳動物まで進化するのに、約35億年かかったといわれています。

ヒトとチンパンジーは、500万年ほど前に共通の祖先から分かれたので、DNAが似ていると考えられています。

ヒトとチンパンジーのDNAの塩基配列が、0.5％ほどしか違わないことが、それぞれのゲノムを解析したことで明らかにされました。

大きく違うところは、大脳皮質のしわ形成に関する領域です。

脳のしわは「考えるしわ」とも呼ばれ、問題を解決し、計画を立てることや記憶を形成・保管するなど重要な領域です。

また、言葉に関わる遺伝子や、脳の大きさに関連する遺伝子も異なっていました。

これらは、チンパンジーからヒトへの進化の過程で、大きく変化した領域であると考えられています。

DNAには、働きが未知の部分がたくさんあります。

この未知の領域が、生命と進化の秘密を解くカギを担っていると考えられ始めています。

ヒトとチンパンジーの違い

ボクらのDNAの塩基配列は、
0.5%しか違わないんだって!!

なんたって、共通の
祖先だからね。

しかし、大きく違うところも…

大脳皮質のしわ

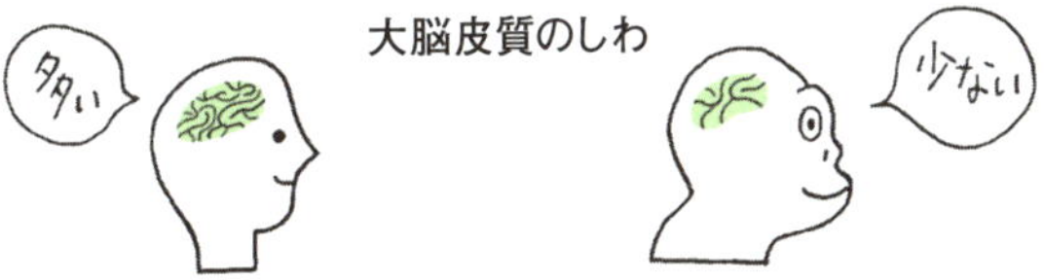
多い
少ない

嗅覚

鈍い
くん くん
鋭い
くん くん

Y染色体上の遺伝子の数

多い
少ない

でも、ヒトとチンパンジーを決定的に分ける
ものがなにか、わかってはいないのよ。

043

ヒトは男女で遺伝子に違いがあるの？

性染色体にある遺伝子に違いがあります。

男性はXとYの各1本ずつの染色体（XYと表す）を、女性は2本のX染色体（XXと表す）を持っています。

XはYより長く、またXとYとでは、含まれている遺伝子の種類がまったく違います。このX染色体とY染色体上にある遺伝子の違いが、男女の違いを生み出しています。

私たちの体の細胞には、核以外に、ミトコンドリアのなかにも遺伝子があります。ミトコンドリアは、生命活動を行うために必要なエネルギーをつくる器官です。

私たちは、ミトコンドリアの遺伝子も親から受け継いでいますが、核の遺伝子とは受け継がれ方に大きな違いがあります。

精子は、尾にミトコンドリアを持っていて、卵子に向かって泳ぐためのエネルギーをつくっています。

しかし、受精の際は精子の頭部のみが卵子と融合するので、精子のミトコンドリアは子どもには伝わりません。

私たちは、このミトコンドリアの遺伝子を母親のみから受け継いでいます。このような、母親からのみ遺伝する仕組みを**母系遺伝**といいます。

ミトコンドリアの母系遺伝

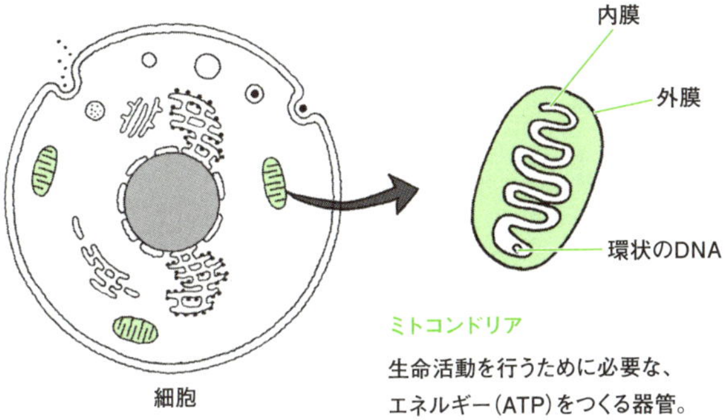
内膜
外膜
環状のDNA
細胞

ミトコンドリア

生命活動を行うために必要な、エネルギー(ATP)をつくる器管。2枚の膜でできていて、生物によって形や大きさが異なる。

ミトコンドリアの受け継がれ方

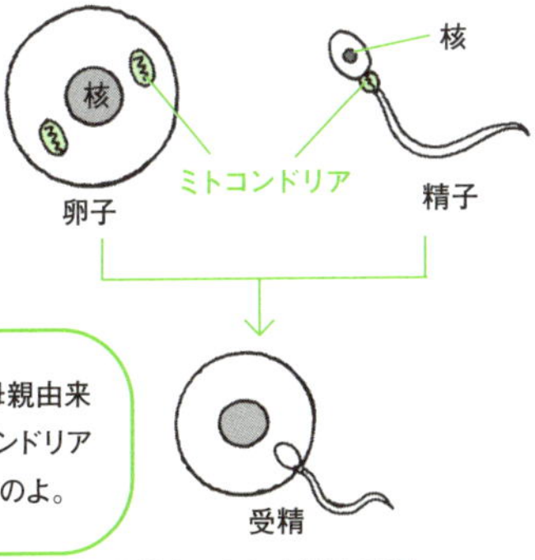
核
核
ミトコンドリア
卵子
精子
受精

精子のミトコンドリアは卵子に向かって泳ぐためのエネルギーをつくっている。

先体といわれる精子の頭の部分だけが卵子に入るため、精子のミトコンドリアは受け継がれない。

受精卵には、母親由来の卵子のミトコンドリアしか残されないのよ。

頭だけが入るんだね!

044

親や兄弟姉妹と似るのはなぜ？

ヒトの体は、母親の卵子と父親の精子が合体した、1個の受精卵から出発してできたものです。

受精卵は、卵子由来の23本の染色体と、精子由来の23本の染色体を合わせた、46本の染色体を持ちます。

つまり、私たちは母親からと父親からと、ちょうど半分ずつの染色体をもらっているため、親に似ているのです。

また、父親の精子ができるときは、祖母由来と祖父由来の染色体がつぎはぎされて、23本の染色体に再編されます。

そのため、兄弟姉妹の染色体を比較すると、祖母由来か祖父由来かが部分ごとに一致したり、しなかったりするのです。

平均してみると、**兄弟姉妹のあいだでは、染色体の50％が一致**しています。

このことから兄弟姉妹は、ほどほどに似ていることになります。ただし、一卵性双生児の兄弟姉妹の場合は、1個の受精卵がたまたま2個に分離して分かれ、それぞれが成長して赤ちゃんになるので、染色体は100％一致し、とてもよく似ることになるのです。

親にない形質が子に現れることもあります。卵子や精子などの生殖細胞に突然変異が起き、遺伝子の塩基置換などが起こるためです。

両親からの染色体の受け継がれ方

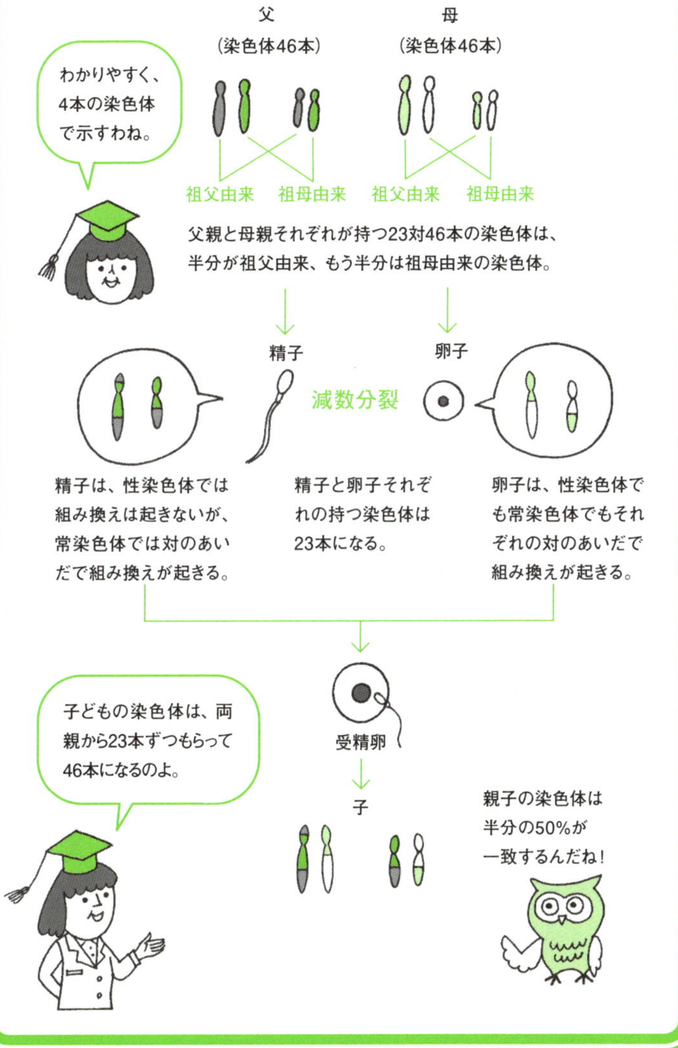
わかりやすく、4本の染色体で示すわね。
父
(染色体46本)
母
(染色体46本)
祖父由来
祖母由来
祖父由来
祖母由来
父親と母親それぞれが持つ23対46本の染色体は、半分が祖父由来、もう半分は祖母由来の染色体。
精子
卵子
減数分裂
精子は、性染色体では組み換えは起きないが、常染色体では対のあいだで組み換えが起きる。
精子と卵子それぞれの持つ染色体は23本になる。
卵子は、性染色体でも常染色体でもそれぞれの対のあいだで組み換えが起きる。
受精卵
子
子どもの染色体は、両親から23本ずつもらって46本になるのよ。
親子の染色体は半分の50%が一致するんだね!

045

双子のＤＮＡは同じなの？

双子には、一卵性と二卵性があります。

一卵性双生児は、1個の受精卵が細胞分裂しているときに、偶然2個に分離した結果、生まれた子どもです。**一卵性双生児のデオキシリボ核酸（DNA）は100%同じ**で、性別も同じになります。

二卵性双生児は、同時に排卵された2個の卵子が、2個の精子とそれぞれで受精したものです。**二卵性双生児は、遺伝的には兄弟姉妹と同じで50%のDNAが共通**しています。

双子の組を集め、遺伝子の影響を調べた研究が数多く行われています。たとえば、一卵性では体格（身長・体重）、知能指数（IQ）、運動能力が二卵性に比べて、はるかに似ていることがわかりました。

また、糖尿病などの病気も、一卵性双生児の1人がかかると、もう1人もかかりやすいことがわかっています。

双子は一緒に母親の胎内で過ごし、生まれてからも一緒に育つので似ている点は多いのですが、DNAがまったく同じでも、環境に影響されることがわかってきました。

胎内での位置など、わずかな環境の違いで指紋が違うのです。

このことから、ヒトの体質や性格などは、遺伝子と環境の両要素で決まるということになりそうです。

双子が生まれる仕組み

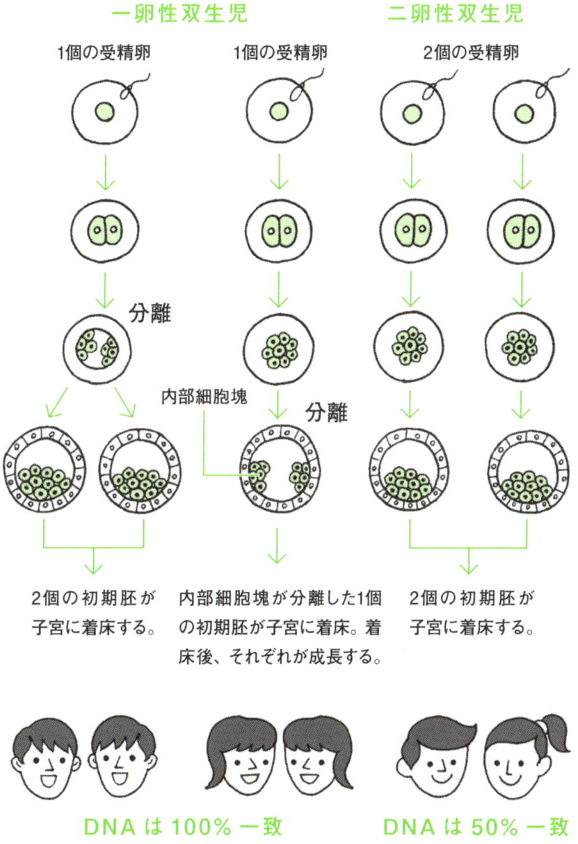
一卵性双生児
二卵性双生児
1個の受精卵
1個の受精卵
2個の受精卵
分離
内部細胞塊
分離
2個の初期胚が子宮に着床する。
内部細胞塊が分離した1個の初期胚が子宮に着床。着床後、それぞれが成長する。
2個の初期胚が子宮に着床する。
DNAは100%一致
DNAは50%一致

一卵性双生児は
性別も同じなんだね。

046

両親より祖父母に似ることがあるのはなぜ？

子どもの顔の特徴などが、両親よりも祖父母に似ている場合があります。祖父や祖母の持つ性質が、次の世代には現れず、孫の世代に現れることを**隔世遺伝**といいます。

二重まぶたの例で説明しましょう。

仮に、aaが一重、AAまたはAaが二重まぶたを決める遺伝子とします。両親からもらった一重まぶたの遺伝子aがふたつ揃うと、子どもは一重まぶたになります。

しかし、どちらかの親が二重まぶたAの遺伝子を持っていると、子どもはAaとなり、二重まぶたになります。

Aの遺伝子は優性な形質なので、どちらかの両親からひとつAを受け取ると、二重まぶたになります。

それでは、隔世遺伝の証明をしましょう。

一重まぶた（aa）の祖父が、二重まぶたの祖母（AAまたはAa）と結婚して生まれたAaの娘は、二重まぶたになります。

娘がAaの夫と結婚し、生まれた何人かの子どものなかでaa（一重まぶた）を持つ子どもが生まれることがあります。

両親が二重まぶたなのに、子どもはaaの遺伝子を持っているので一重まぶたとなり、祖父に似ることになるのです。

隔世遺伝の証明

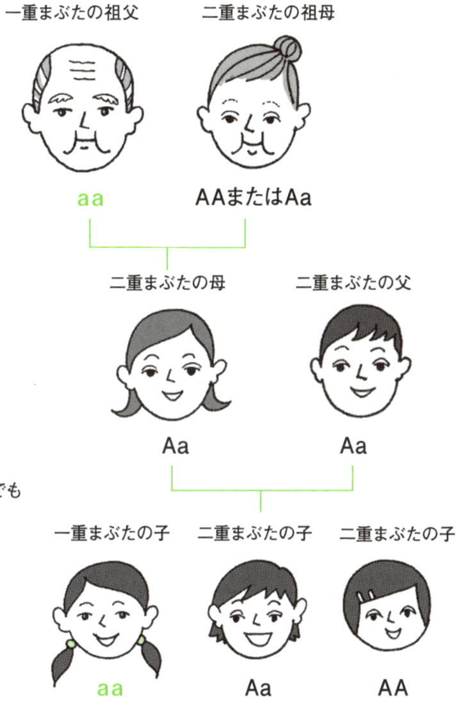
一重まぶたの祖父
二重まぶたの祖母
aa
AAまたはAa
二重まぶたの母
二重まぶたの父
Aa
Aa
一重まぶたの子
二重まぶたの子
二重まぶたの子
aa
Aa
AA

二重まぶた同士の
お父さんとお母さんでも
一重まぶたの子が
生まれるんだ！

メンデルの法則と同じなので、
わかりやすいわよ！

047

メスだけが三毛猫になれるって本当？

本当です。三毛猫の模様（黒や茶色のぶちの位置）は、デオキシリボ核酸（DNA）がまったく同じ一卵性双生児でも違います。

猫の毛の色を決める遺伝子は、数多くあることがわかっています。そのうち黒遺伝子と茶遺伝子は、両方ともX染色体上にあります。

X染色体を2本持つメスだけが、黒と茶色の両方を持つことができるので、三毛猫になることができるのです。

なお、白色は、別の白遺伝子で決まります。

ヒトを含む哺乳類のメスでは、2本あるX染色体のうち、細胞ごとにランダムに選ばれた片方のX染色体が眠ってしまう現象が知られています。この現象は、X染色体の不活性化と呼ばれています。

猫の場合、黒遺伝子だけが働く細胞が集まっている部分は黒のぶちになり、茶遺伝子だけが働く細胞が集まっている部分は茶のぶちになります。

このとき、どちらのX染色体が選ばれるかは、発生初期の細胞ごとに偶然決まることがわかっています。

そのため、三毛猫の模様は一卵性双生児でも、クローン猫でもぶちの位置が異なるのです。

三毛猫になるには

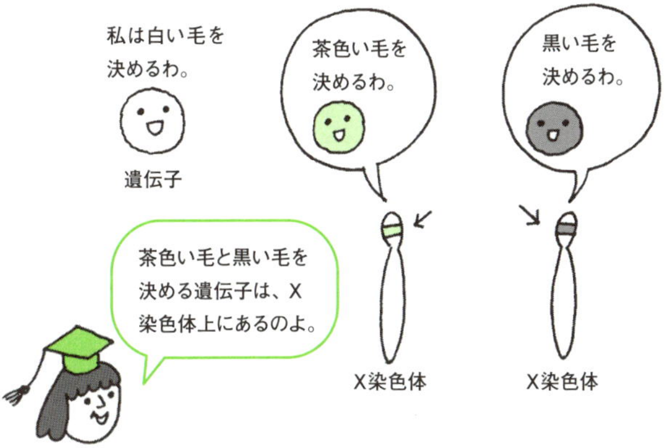
私は白い毛を
決めるわ。
遺伝子
茶色い毛を
決めるわ。
黒い毛を
決めるわ。
茶色い毛と黒い毛を
決める遺伝子は、X
染色体上にあるのよ。
X染色体
X染色体

父が茶、母が黒遺伝子のX染色体を持つ場合

父
母
哺乳類のメスは、2本あるX
染色体のうち、細胞ごとに1
本は眠ってしまうの。どちら
のX染色体が働くかは偶然
に決まるから、まったく同じ
ぶちになることはないのよ。
子
母親由来のX染
色体が働く細胞
が集まっている。
ZZZ....
不活性化
父親由来のX染色体
が働く細胞が集まっ
ている。
フシギー!
ZZZ....
不活性化
X染色体を2本持つメスのみが
三毛猫になれる。

048

健康ってどんなこと？

正常なタンパク質がつくられるということです。

デオキシリボ核酸（DNA）上にある遺伝子が正常であれば、正しく働くタンパク質ができます。

できたタンパク質は、生体内でさまざまな仕事をします。たとえば、ホルモンとして働いたり、栄養などの必要な物質を運んだり、酵素として生体内の化学反応を正しくコントロールします。

これが、健康であるということです。

私たちは日常的に、放射線や紫外線などを浴びたり、発がん性物質を食べたりしています。すると、少しずつ遺伝子に異常が起き始め、正常なタンパク質がつくられなくなります。

正常なタンパク質がつくられないと、生体内の化学反応がスムーズに行われず、病気になってしまうことがあります。

遺伝子の異常が原因で起こる病気を遺伝性疾患といいます。

たとえば、鎌状赤血球貧血症といわれる遺伝性の貧血病がそうです。正常な赤血球は、酸素を多く交換するために表面積の広いドーナツ型をしていますが、三日月のような形に変形してしまう病気です。

遺伝子の突然変異によって起こる病気で、両親ともにこの病気にかかっていると、25％の確率で子どもも発症してしまいます。

健康と病気

健康

正常な遺伝子から正常なタンパク質がつくられる。

↓

病気

外部ストレス
環境汚染、
DNAの変異など。

外部からのストレスなどにより、遺伝子に変異が生じ、異常タンパク質がつくられる。

↓

これが健康ってことだね！

病気になっちゃった！

栄養、睡眠、運動など規則正しい生活をして免疫機能を高めることも健康の秘訣です。

049

男性と女性 どちらが病気になりにくい？

私たちの体は、ウイルスや細菌などに感染したときに、これらをやっつけてくれる免疫の仕組みを持っています。

その免疫に関わるたくさんの遺伝子が、X染色体上にあることがわかりました。

そのため、X染色体を1本しか持たない男性は、女性に比べて免疫の働きが失われやすく、感染に弱い傾向があるといわれています。

また、X染色体上には、赤と緑を識別する遺伝子があり、変異を起こすと「色覚異常」の病気になります。

女性の場合は、両親からそれぞれ1本ずつ、計2本のX染色体を受け継ぎます。そのため1本に色覚異常の遺伝子がのっていても、もう1本に正常な遺伝子があれば発症しません。

ところが、男性はX染色体を1本しか持たないので、母親から受け継いだX染色体にこの遺伝子があると、色覚異常になってしまいます。このことから、男性は、もしものときに備えての保険を持っていないということになります。

X染色体上に、遺伝形質が現れることを**伴性遺伝**といいます。血液が固まりにくい病気である血友病も伴性遺伝です。

女性のほうが、寿命が長いのも関係があるかもしれません。

伴性遺伝の仕組み

色覚異常を起こすX染色体の伝わり方

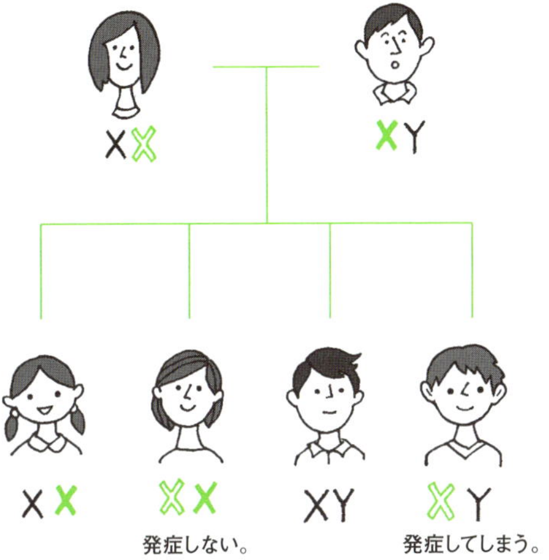
XX
XY
XX
XX
発症しない。
XY
XY
発症してしまう。

なぜ
女の子は
発症しないの？
女性はX染色体を2本持っているから、片方にないものを、もう片方で補うことができるのよ。

050

病気になるのは遺伝子のせい？

病気の発症原因は、環境的な要因と遺伝的な要因に分けることができます。

外傷や、細菌、インフルエンザウイルス、エイズウイルスなどによる感染症の病気は、100％環境的な要因によるものです。

一方、ヘモグロビンが突然変異を起こして、赤血球が鎌状の形になり、貧血を引き起こす鎌状赤血球貧血症などの先天性疾患は、100％遺伝的な要因とされています。

現代では、自分自身の体のなかに病気の原因がある内因性疾患が多くなりました。

高血圧症、糖尿病、がん、高コレステロール血症、肥満症などの病気です。これらの病気には、遺伝子が多く関わっていることがわかっています。

なかでも糖尿病と肥満症は、環境的な要因と遺伝的な要因の両方に関連していることがわかってきました。

たとえば、太りやすい人とそうでない人がいます。

同じカロリーを摂取しても体重に差が生じるのは、体質の差、つまり個人の遺伝子の差であることがわかっています。

環境的要因と遺伝的要因

糖尿病、肥満症、高血圧症などは、環境と遺伝の両方の要因で決まるので、食事制限や運動でも改善できるのよ。

ボクも運動しなくちゃ！

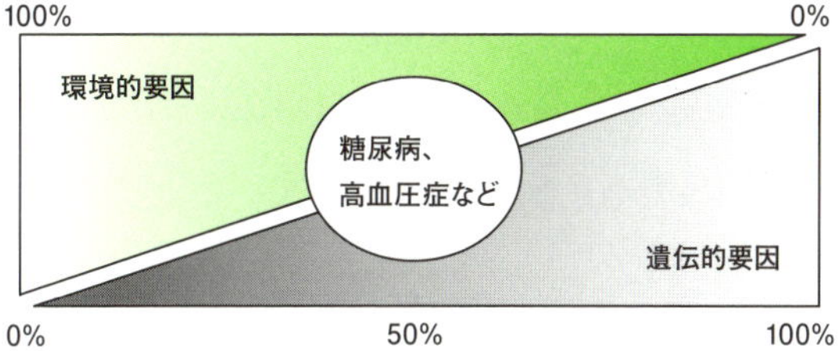
100%
0%
環境的要因
糖尿病、
高血圧症など
遺伝的要因
0%
50%
100%

100％遺伝による病気

鎌状赤血球貧血症

赤血球が鎌状の形になり、貧血を引き起こす病気。

ADA欠損症

ADA酵素がつくれないために重度の免疫不全を起こす病気。

100％環境的要因には、事故や災害によるケガや熱傷、細菌やウイルス感染などがあるのよ。

051

がんは遺伝子の病気なの？

がんは、遺伝子の変異で起こる病気です。

遺伝子の変異は、化学物質、放射線、紫外線、ウイルスなどによって起こりますが、がんを発症する遺伝子や、がんを抑える遺伝子も見つかっています。

一度がんになった細胞は、分裂を無制限に繰り返して増殖し、決して、元の正常な細胞には戻れなくなります。

このように細胞自身の性質が変わることは、遺伝子に変異が起きたということです。

がんは、正常な細胞のひとつの遺伝子がまず変異を起こします。変異が1回起こっただけでは、無制限に増殖したり、転移をしたりはしません。次々といくつかの遺伝子が変異を起こして、初めてがんになることがわかりました。

これを、発がんの多段階説と呼んでいます。

ひとつの遺伝子の変異から、直径1cmの大きさ（触診でわかる大きさ）になるには、10年以上かかるといわれています。

また一般に、遺伝的な素因で発がんしやすい家系の人を除いて、がんが発症する頻度は、加齢にともなって高くなります。

発がんの多段階説

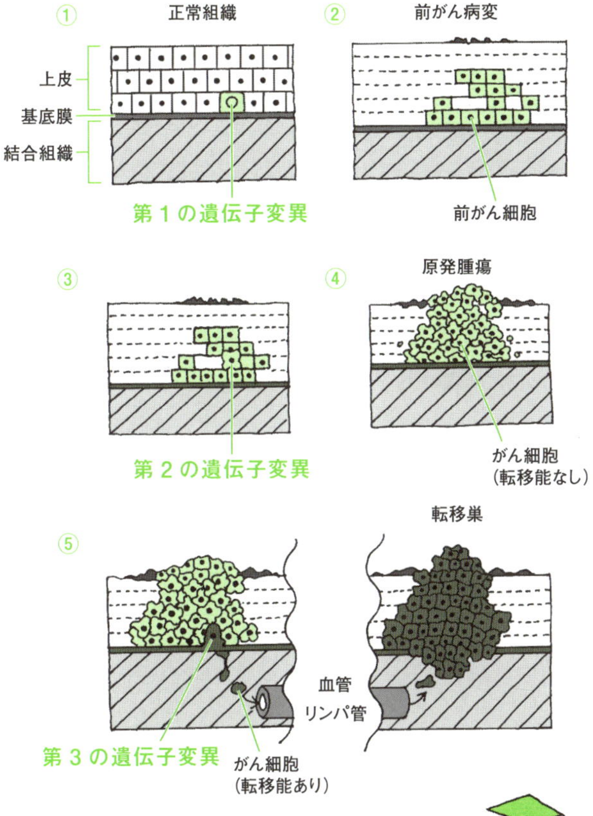

①
正常組織
上皮
基底膜
結合組織
第１の遺伝子変異
②
前がん病変
前がん細胞
③
第２の遺伝子変異
④
原発腫瘍
がん細胞
（転移能なし）
⑤
転移巣
血管
リンパ管
第３の遺伝子変異
がん細胞
（転移能あり）

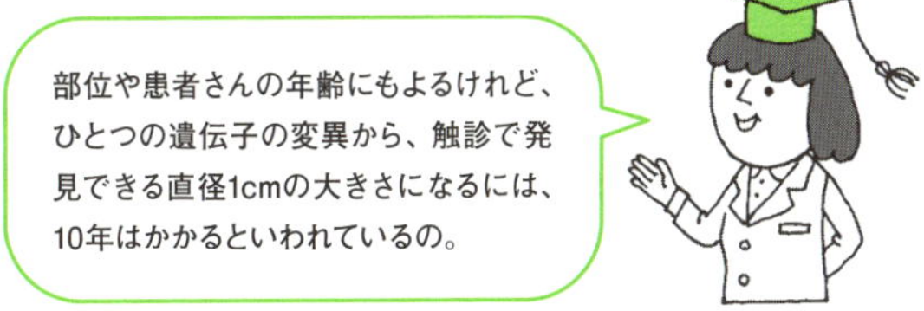

部位や患者さんの年齢にもよるけれど、ひとつの遺伝子の変異から、触診で発見できる直径1cmの大きさになるには、10年はかかるといわれているの。

052

がんの原因は遺伝だけなの？

遺伝のせいだけではありません。遺伝子が変異してがんを発症する原因には、環境的な要因もあります。

がんになる原因のひとつに、がんウイルスがあります。

このウイルスに感染すると、正常な細胞のデオキシリボ核酸（DNA）にウイルスが持つがん遺伝子が組み込まれてしまい、細胞ががん化してしまいます。

ほかには、発がん性物質といわれる化学物質があります。

発がん性物質のほとんどは、DNAに結合して遺伝子に変異を起こすため、がんになってしまいます。

代表的なものに、タバコの煙に含まれる「ベンツピレン」や、ピーナッツや穀類などに生えるカビがつくる「アフラトキシン」などがあります。ベンツピレンは肺がんを、アフラトキシンは肝臓がんを引き起こすといわれています。

また、DNAに紫外線を照射すると、隣同士にふたつ並んでいるチミン塩基が結合してしまい、DNAが正しく複製されなくなります。その結果、紫外線を浴び過ぎると皮膚がんを起こします。

特に、皮膚のメラニン色素が少ない白人がかかりやすいといわれています。

身近な発がん性物質

ベンツピレン

(タバコの煙など)

肺がんになりやすいよ。
ゲホ
ゲホ

特に、副流煙には注意が必要よ。

アフラトキシン

(ピーナッツなどに生えるカビ)

肝臓がんはイヤだよー。

太陽光曝露

(紫外線照射)

ギラ
ギラ

皮膚がんの原因となる
真夏の強い紫外線は
避けたいね!

053

生活習慣病は遺伝子と関係があるの？

遺伝子と関係があります。

かつて糖尿病、高血圧症、がん、心臓病などの病気は「成人病」と呼ばれていました。

こうした病気は食事、運動、睡眠、喫煙、飲酒などの生活習慣が、発症や進行に深く関与していることが明らかになり、生活習慣の改善でこれらの病気が予防できることから、1996年に厚生省（現・厚生労働省）は生活習慣病と名づけました。

生活習慣病とは、肥満、糖尿病、高血圧症、心筋梗塞、脳梗塞、メタボリックシンドロームなどを総称する病気のことで、ひとつの病名ではありません。

また、不健康な食生活、運動不足、睡眠不足、喫煙、飲酒やストレスなどの生活習慣のみで発症するわけではありません。

自分の遺伝子や加齢などの要因が関わっていることが、明らかになっています。

つまり、自分の遺伝的要因にどれだけリスクがあるのかを早めに知ることにより、生活スタイルを改善し、発症の危険度を下げることができるのです。

生活習慣病のおもな原因

不規則な生活!!

運動不足

飲酒・喫煙

睡眠不足

原因は、生活習慣だけじゃない!!

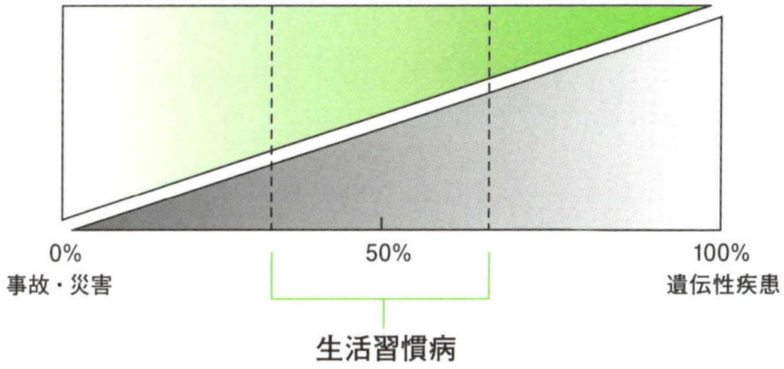
0%
事故・災害
50%
100%
遺伝性疾患
生活習慣病

自分の遺伝情報を知ることで、病気になりやすいのか事前にわかれば、生活習慣を見直すことができるわ。両方の要因を知って予防することが、生活習慣病の発症を抑えることにつながるのよ。

054

くも膜下出血は遺伝性の病気なの？

くも膜下出血は、脳卒中の約10％を占め、脳の動脈が瘤のように膨れて、破裂して出血する病気です。典型的な症状は、「ハンマーで殴られた」ような突然の頭痛です。

発症には、遺伝的な要因が含まれていることが知られています。

最近になって、くも膜下出血の患者では、血管壁の弾性に関わっているエラスチン遺伝子が変異しているのが見つかりました。

親や兄弟姉妹が脳卒中にかかったことのある人は、かかっていない人と比べて、くも膜下出血死亡のリスクが2倍ほど高いといわれています。

そのほか、高血圧症、高脂血症、糖尿病、肥満症などの生活習慣病や心臓病を持つ人、喫煙する人がかかりやすいと考えられています。

家族や親族は、生活習慣が似ていることが多いので、同じ症状になりやすいとも考えられます。

高齢者より、むしろ壮年期の人に多いとされ、一度くも膜下出血を起こすと再発しやすいという特徴があります。

生活習慣病を予防することや、脳ドッグなどの検査を受けることは、くも膜下出血予防対策のひとつになります。

くも膜下出血になりやすい人

遺伝的要因で発症しやすい人たち

イタッ
ボクは
大丈夫なのかな…。

親やきょうだいが
発症していると
リスクは2倍！

遺伝的要因以外に発症しやすいとされる人たち

心臓病
肥満症
高血圧症
喫煙者

当てはまらない人でも、
40歳を過ぎたら脳ドック
を受診しましょう！

055

アルツハイマー病は遺伝性の病気なの？

アルツハイマー病とは、大脳の神経細胞が老化よりも急速に変性して正常な働きを徐々に失い、認知症になっていく病気です。

発症には、遺伝的な要因があると考えられています。

アルツハイマー病の患者の脳には、3つの特徴が見られます。

脳が縮小していること、脳にアミロイドと呼ばれるタンパク質が沈着した「老人斑」があること、神経細胞内に繊維状の構造があることなどがわかっていますが、完全に治る治療法はまだありません。

通常は、65歳以上で多く発病する老年性アルツハイマー病ですが、40歳代で発症する若年性アルツハイマー病もあり、最近、双方のアルツハイマー病に関連する遺伝子がいくつか見つかっています。

これらの遺伝子が変異すると、アルツハイマー病の発症率が高くなると考えられています。

さらに、遺伝に深く関わっている家族性アルツハイマー病があります。

もし、両親のどちらかが家族性アルツハイマー病を発病すると、子どもは性別に関係なく、50％の確率で発病するといわれています。

原因は、まだ明らかになっていません。

アルツハイマー病の脳

正常な脳

ぎっしり
つまってるね。

アルツハイマー病を発症した脳

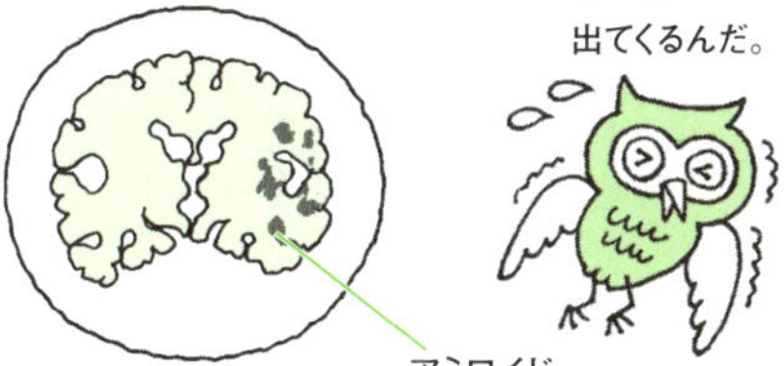
老人斑が
出てくるんだ。
アミロイド

3つの特徴

- 脳の萎縮
- 老人斑
- 神経細胞内の変異

症状としてはおもに、記憶障害などの認知障害があるわ。重症化すると、食事がとれないなどの運動障害が現れて、意思の疎通も難しくなり、寝たきりになってしまうの。

056

ミトコンドリア病ってなに？

ミトコンドリア病とは、体内すべての細胞のなかでエネルギーをつくっているミトコンドリアの機能が低下することによって、おもに心臓、骨格筋、脳などに異常を生じる疾患です。

心臓の細胞であれば、血液を全身に送ることができなくなり、筋肉の細胞であれば、運動障害や疲れやすくなります。脳の神経細胞では、見たり、聞いたり、理解したりすることができなくなります。

ミトコンドリア病の大半は、ミトコンドリア遺伝子の変異が原因です。

多くの場合、生まれながらにミトコンドリアの働きを低下させるような遺伝子の変異を持っている人が発症します。

ミトコンドリア病を完治する治療はないようですが、療法のひとつに対症療法があります。

症状に対する治療法がある場合、たとえば、インスリン分泌が低下して糖尿病になるとインスリンを使用し、また、けいれんしているときは抗けいれん剤を使うことで改善することがあります。

一方、ミトコンドリアの働きを回復させる療法として、ミトコンドリアのなかで、エネルギーをつくるために必要な栄養素やビタミンを補充する療法もあります*[1]。

ミトコンドリアの機能

元気なミトコンドリア

酸素を使って栄養素がきちんと分解され、エネルギー(ATP)になる。

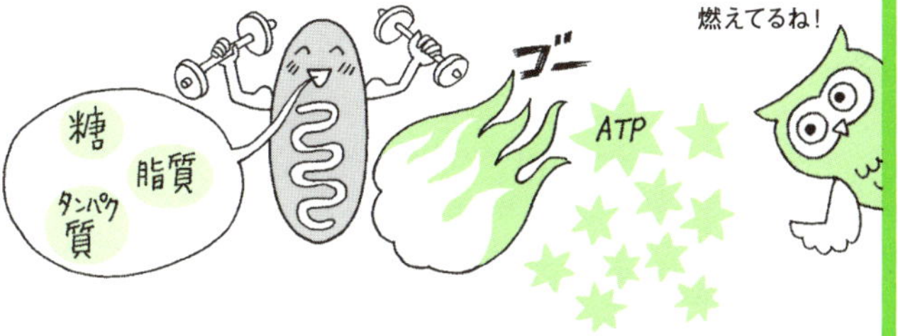
燃えてるね！
糖
脂質
タンパク質
ゴー
ATP

弱ったミトコンドリア

効率よくエネルギー(ATP)がつくれずに、体はエネルギー不足になる。

糖
タンパク質
脂質
プス
プス
ATP
ミトコンドリアは、エンジンに
例えられることも多いのよ！

ミトコンドリアの機能が低下すると…

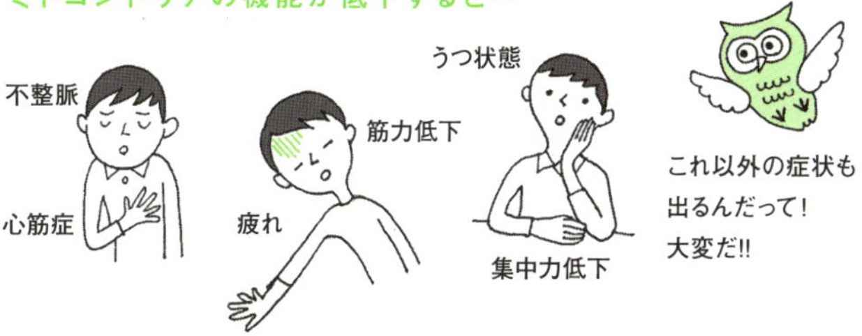
不整脈
心筋症
筋力低下
疲れ
うつ状態
集中力低下
これ以外の症状も
出るんだって！
大変だ!!

＊1：ミトコンドリア内の代謝系はとても複雑で、ある栄養素やビタミンを大量に補充したからといって、簡単に代謝の働きが上昇することはないと考えられている。そのため、本来の食事から、バランスよく栄養素をとることが治療の基本となる。

057

遺伝子を調べれば病気がわかるの？

わかります。

遺伝子を調べることで、病原体（細菌やウイルス）に感染しているか、どこの組織や臓器の遺伝子が異常なのかなどがわかります。

感染症の検査では、以前は細菌などを数日かけて培養して病原体を調べていましたが、遺伝子検査をすることで、わずかな時間で特定できるようになりました。

遺伝子の検査結果に基づいて、病気を診断することを遺伝子診断といいます。

遺伝子に変異があっても病気になっていない場合があり、事前に病気を防ぐように食生活などを改善することができるため、予防医学としても役立ちます。

また、妊婦の血液や子宮内組織を採取して、胎児が遺伝性疾患にかかっていないかを調べる出生前診断もあります。

一方で、診断できても治療法がない病気もあります。

遺伝子診断は、個人のプライバシーの侵害や差別につながりかねない倫理的な問題も残しており、検査前や検査後のカウンセリングは必要です。最近では、遺伝カウンセラーという新しい職業もできています。

病気になりやすいか遺伝子を調べる

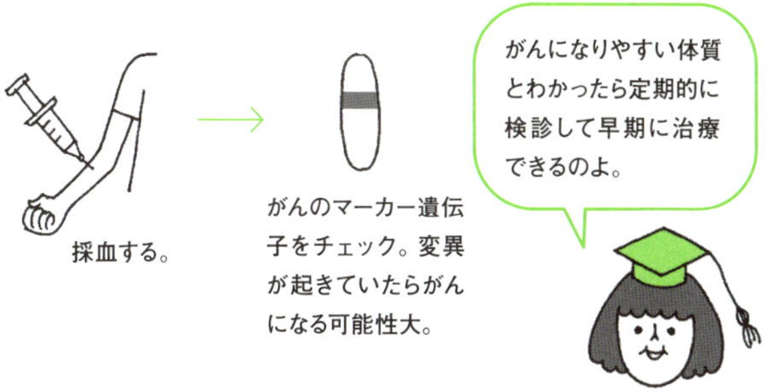
採血する。
がんのマーカー遺伝子をチェック。変異が起きていたらがんになる可能性大。
がんになりやすい体質とわかったら定期的に検診して早期に治療できるのよ。

出生前診断

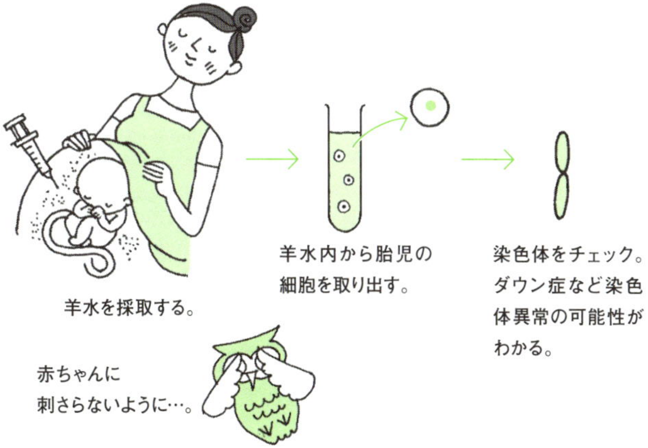
羊水を採取する。
羊水内から胎児の細胞を取り出す。
染色体をチェック。ダウン症など染色体異常の可能性がわかる。
赤ちゃんに刺さらないように…。

出生前診断は誰でも簡単に受けられるものではないのよ。

058

染色体異常ってどういうこと？

卵子や精子がつくられる過程で、染色体がうまく分裂できないことがあります。

それにともない、染色体の数が増えたり、減ったり、短くなってしまったりすることがあります。これを、**染色体異常**といいます。

正常な染色体は「ダイソミー」と呼ばれ、2本で対をなしています。染色体が1本しかない場合は「モノソミー」、3本に増えると「トリソミー」、4本になると「テトラソミー」、5本になると「ペンタソミー」と呼ばれています。

染色体異常による病気として、次のようなものがあります。

ターナー症候群は、X染色体のうち1本が完全または部分的に欠失しており、低身長や性的発育不全などを起こします。

21番目の染色体を3本持っているダウン症候群は、知的障害、先天性心疾患、低身長などを起こします。

また、X染色体を過剰に持っている女性（XXX、XXXX、XXXXXなど）は「スーパー女性」、Y染色体を過剰に持っている男性（XYY、XYYYなど）は「スーパー男性」と呼ばれています。

一生気づかれない場合もありますが、知能の低下などがみられるという報告のほか、逆に知能が高いという報告もあります。

染色体異常の例

正常な染色体　　異数体の染色体

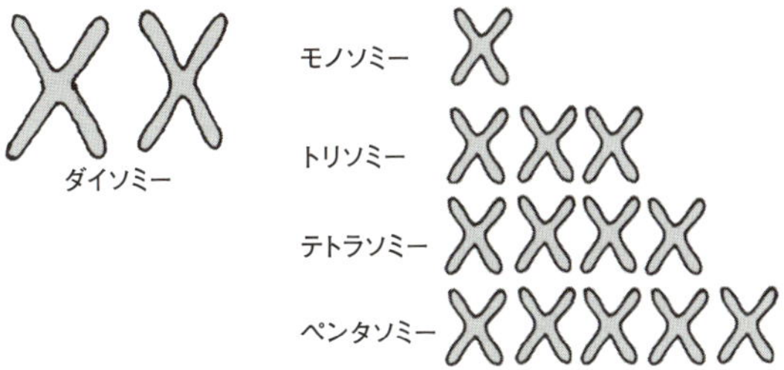
ダイソミー
モノソミー
トリソミー
テトラソミー
ペンタソミー

ひぇー
5本も！

染色体異常の例

ターナー症候群

性染色体が1本しかない
(23モノソミー)。または
部分的に欠失している。

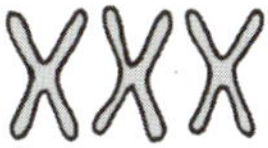

ダウン症候群

21番目の染色体が3本ある
(21トリソミー)。

性染色体の過剰は、症状が現れないこともあって、一生発見されないこともあるのよ。

059

遺伝子によって薬の効果が違うって本当？

本当です。薬の効きやすさや副作用の現れ方は、ひとりひとり異なります。

このような違いは、遺伝子の個人差によるものであることがわかってきました。

2002年に、副作用が少ない夢の抗がん剤として「イレッサ」が発売されました。しかし発売後、副作用が相次いで起こり、多くの患者が亡くなりました。

その後の臨床検査の結果、イレッサは日本人の27.5％*[1]に有効でしたが、外国人には10％以下しか効かないことが明らかにされました。

つまり、体質や人種によって薬の有効性に差があったのです。

現在は、個人個人の遺伝子を調べて、その人の体質や病気の具合に適した薬をつくるオーダーメイド医療（テーラーメイド医療ともいう）の実現に向けて、着々と準備が進められています。

オーダーメイド医療が実現すれば、同じ病気でも、個人によって違う薬が処方されるようになるかもしれません。

そして、より効きめが高く副作用の少ない薬を、最初から選べるようになると考えられています。

遺伝子の個人差による薬の効果

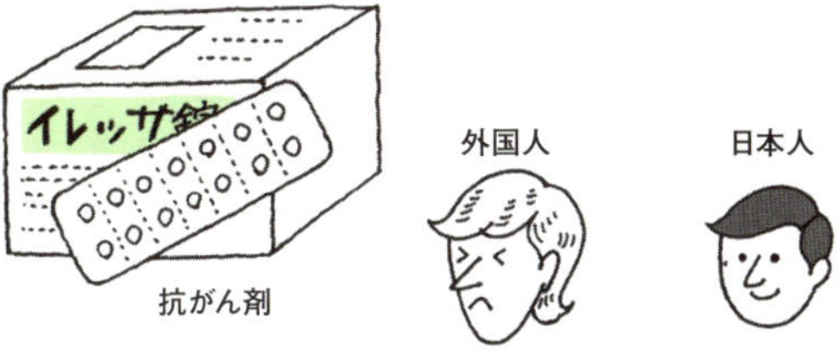
イレッサ錠
抗がん剤
外国人
日本人
10% 以下の効果
27.5% に効果

同じ薬でも効果が異なることがわかった！

将来は、同じ痛み止めの処方でも…

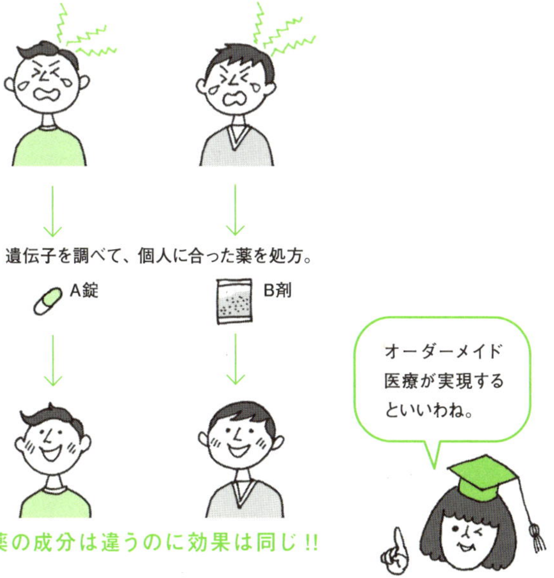
遺伝子を調べて、個人に合った薬を処方。
A錠
B剤
オーダーメイド医療が実現するといいわね。

薬の成分は違うのに効果は同じ !!

＊1：国際共同臨床試験の結果より。

060

遺伝子が薬づくりに役立つって本当？

本当です。ヒトゲノムプロジェクトで明らかにされた病気の原因となる遺伝子を突き止めて、その遺伝子がつくる異常タンパク質を特定し、医薬品開発に役立てようとする試みが盛んになっています。

この方法をゲノム創薬といいます。

新薬開発の効率化、より効果が高く副作用の少ないゲノム創薬をつくる遺伝子ビジネスが、本格的に立ち上がりつつあるのです。

従来の医薬品の開発は、採取した細菌などのなかから、薬として役立ちそうな候補物質を絞り込むといった偶然発見的な方法や、コンピュータ上でドラッグデザインして行われていました。

しかし、膨大な時間と費用がかかるわりには、効能や副作用について、開発段階まで予測できないことが多かったのです。

現在は、患者のがん遺伝子を調べて、患者ごとに適した薬を選ぶ個別化治療が進んでいます。

薬が効きにくい患者に、その薬を使用しないことで副作用を軽減し、不必要な治療費も減らせます。

近い将来、誰もが自分のゲノムを記録したカードを持ち、副作用の少ない薬を処方してもらうのが当たり前になることでしょう。

ゲノム創薬の仕組み

従来の創薬

候補物質の探索

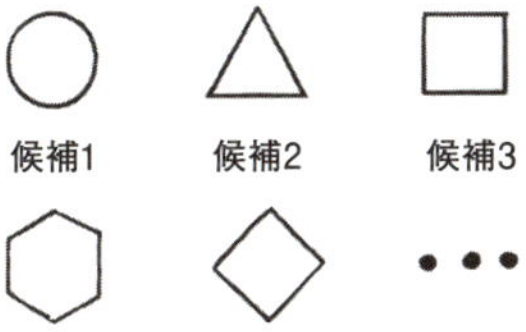
候補1
候補2
候補3
候補4
候補5

10～20年かかる

候補物質を絞り込むための実験に続き、物質が絞り込まれてからも動物実験から治験など、何度もテストが繰り返される。

薬の創製

ゲノム創薬

異常遺伝子の特定

病気の患者の異常になった遺伝子の判明。

正常遺伝子がつくる正常タンパク質などの精製。

安全性の確認

薬の創製

従来の方法は、薬の材料を見つけるだけでも大変だね！

新薬創製には10～20年かかって、その費用も何百億円という規模なのよ。ゲノム創薬の研究が進めば、より効果的な薬を短期間でつくれるようになるわ。

061

遺伝子治療ってどんなことをするの？

遺伝子治療とは、病気を遺伝子で治療することです。

病気の原因となる変異した遺伝子を修復するのではなく、正常な遺伝子を患者の細胞に組み込んで、患者の体内で正常な遺伝子にタンパク質をつくらせる方法です。

最初の遺伝子治療は、1990年に米国で、アデノシンデアミナーゼ（ADA）欠損症という病気の女の子に対して行われました。

ADA欠損症は、アデノシンデアミナーゼという酵素をつくる遺伝子が生まれつきないために、重症の免疫不全を起こす病気です。

この遺伝子治療では、患者から採取した免疫細胞であるリンパ球のT細胞に正常なADA遺伝子を組み込み、ADAをつくらせました。

しかし、T細胞の寿命は約4カ月で、寿命が終わるとタンパク質の生産も終わるため、何回も繰り返し行わなくてはなりません。

そのほか、ウイルスのデオキシリボ核酸（DNA）に正常な遺伝子を組み込み、患者の細胞に導入して、タンパク質をつくる方法があります。大量のタンパク質をつくるために、増殖の速いウイルスを利用するのです。しかし、この遺伝子治療が原因で、がんで死亡する事故が米国で発生しました。ウイルスを使った遺伝子治療の安全性が問題となり、その後、遺伝子治療は中断されています。

遺伝子治療

ADA 欠損症の治療

①

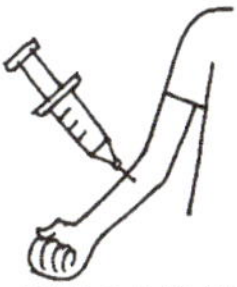

患者の血液を採取。

②

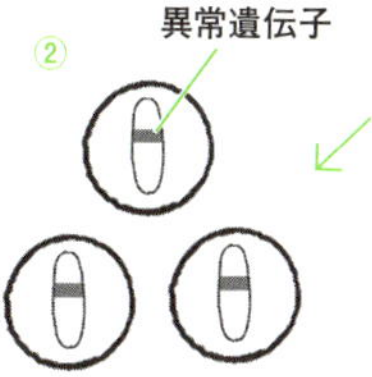
異常遺伝子

リンパ球を集める。

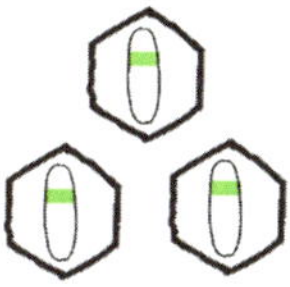

正常なADA遺伝子を組み込んだウィルスベクターを導入。

③

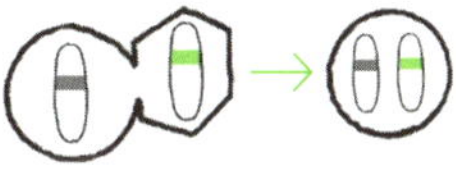

遺伝子を組み換えたリンパ球には、異常遺伝子と正常な遺伝子の両方が存在する。

④

患者に点滴。

わーい

体内でリンパ球細胞が増殖し、正常な遺伝子がADAを合成する。

ただしこの方法では、リンパ球細胞に寿命があるため、繰り返し治療が必要だったの。それに遺伝子治療を受けた患者が、治療が原因でがんを発症したため、遺伝子治療は現在行われていないのよ。

そうなんだ…。

062

再生医療ってなに？

再生医療とは、病気やケガのために、自然には再生できない臓器や組織を元通りに修復（再生）する医療のことです。

再生医療には、おもに組織工学と幹細胞生物学のふたつの分野があります。

組織工学は、セラミックスやポリマーなどの人工物質を利用して、組織や臓器の再生を促進します。たとえば、やけどを負った患者の治療に用いられる人工皮膚があり、実用化されています。

また、細胞をシート状に培養した細胞シートがあります。

傷ついた眼への角膜シートの移植や、心筋の壊死したところに心筋細胞シートを貼って移植するなど、応用されています。

一方、幹細胞生物学は、幹細胞と呼ばれる細胞を用いて、組織や臓器を丸ごと再生させる方法です。

幹細胞としてES細胞（胚性幹細胞）やiPS細胞（人工多能性幹細胞）を用いています。

受精卵からつくるES細胞は、どんな組織や臓器にもなれるのですが、ヒトの受精卵を使用するため倫理上の問題が生じます。

患者自身の皮膚の細胞に数個の遺伝子を組み込んでつくるiPS細胞は、倫理上の問題はなく目下脚光を浴びています。

細胞シートを使った再生医療

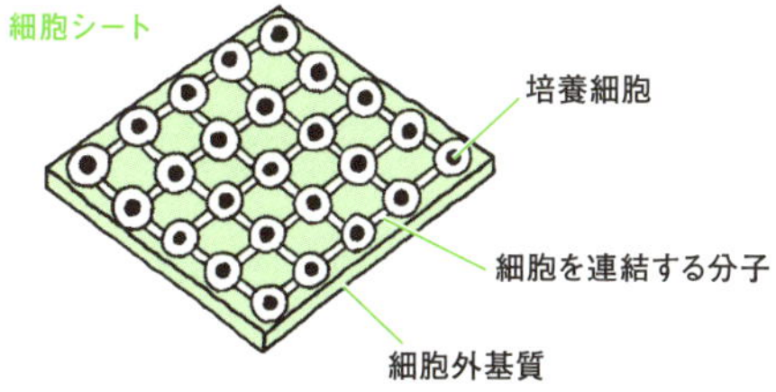
細胞シート
培養細胞
細胞を連結する分子
細胞外基質

単体としての使用

皮膚、網膜、歯根膜など、単体の細胞シートを移植して使用できる。

熱傷等の際、培養細胞シートを
貼ると皮膚が再生する。

積み重ねて使用

心筋、骨格筋など、それぞれの細胞シートを積み重ねると、
より高度な機能を持つ三次元構造の再生組織となる。

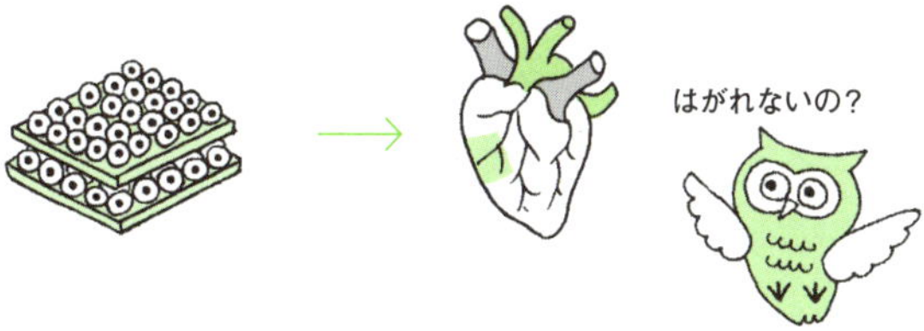
はがれないの？

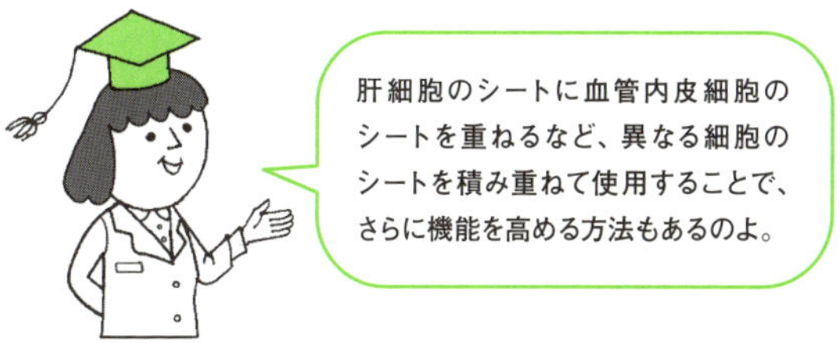
肝細胞のシートに血管内皮細胞のシートを重ねるなど、異なる細胞のシートを積み重ねて使用することで、さらに機能を高める方法もあるのよ。

063

どうしてiPS細胞からどの組織も再生できるの？

iPS細胞は、人工多能性幹細胞と呼ばれています。

「多能性」とは、個体にはなれないものの、どんな組織や臓器の細胞にもなれるという性質を示しています。

2006年、京都大学再生医科学研究所の山中伸弥教授らは、さまざまな細胞や組織に育つ万能細胞をマウスの皮膚細胞からつくることに初めて成功し、翌2007年にはヒトの皮膚細胞でも成功しました。

通常、細胞は分化してしまうと、後戻りはできません。本来、皮膚細胞に分化してしまうと、ほかの臓器の細胞にはなれないのです。しかし、特定の遺伝子を組み込むことで、いろいろな細胞になることができる状態にリセットできます。

このiPS細胞を使った治療法は、患者自身の細胞からヒトiPS細胞を作製し、細胞外で培養したのち体内に戻して、機能を回復させる画期的な方法です。

日本では、治療法がない網膜の異常で視力が大きく低下する病気を対象として、iPS細胞で網膜をつくり、治療する臨床試験を開始するようです。

世界中の研究者が激しい競争を繰り広げるなかで、この研究に世界が注目しています。

ES細胞からヒトiPS細胞作製へ

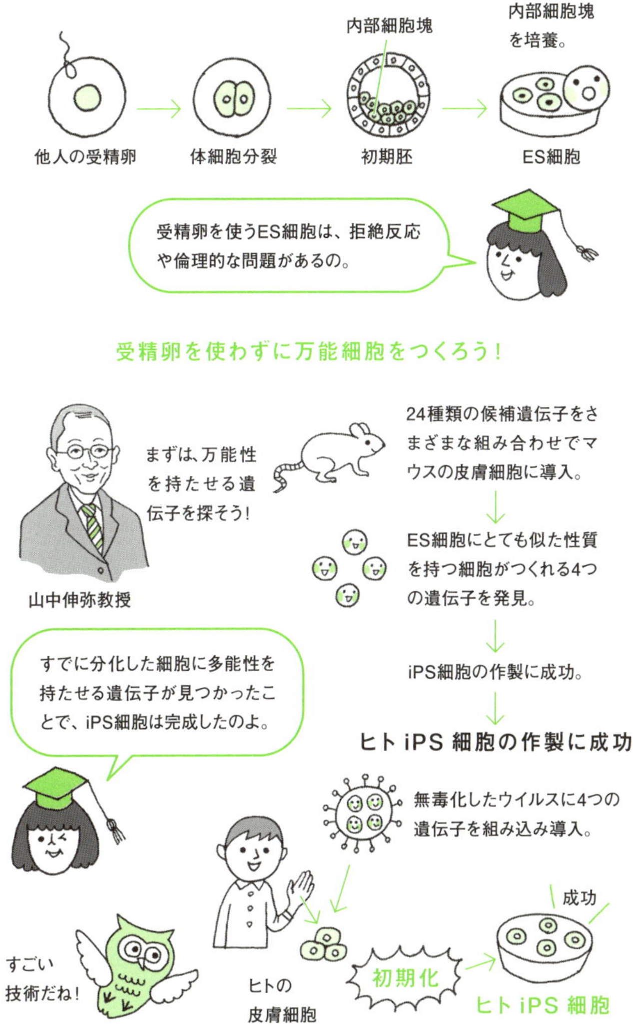
内部細胞塊
内部細胞塊
を培養。
他人の受精卵
体細胞分裂
初期胚
ES細胞
受精卵を使うES細胞は、拒絶反応
や倫理的な問題があるの。
受精卵を使わずに万能細胞をつくろう!
まずは、万能性
を持たせる遺
伝子を探そう!
山中伸弥教授
24種類の候補遺伝子をさ
まざまな組み合わせでマ
ウスの皮膚細胞に導入。
ES細胞にとても似た性質
を持つ細胞がつくれる4つ
の遺伝子を発見。
iPS細胞の作製に成功。
すでに分化した細胞に多能性を
持たせる遺伝子が見つかったこ
とで、iPS細胞は完成したのよ。
ヒトiPS細胞の作製に成功
無毒化したウイルスに4つの
遺伝子を組み込み導入。
成功
すごい
技術だね!
ヒトの
皮膚細胞
初期化
ヒトiPS細胞

064

オーダーメイド医療ってなに？

オーダーメイド医療とは、患者のデオキシリボ核酸（DNA）情報を元に、体質の違いを明らかにし、個人個人に合った治療をすることです。テーラーメイド医療ともいわれます。

私たちの体は、顔かたちがひとりひとり違うように、DNAの塩基配列もひとりひとり異なります。そのため、同じ薬を飲んでも、効果や副作用はそれぞれ違うのです。

個人のDNAを調べることにより、治療に使う薬が効くかどうか、副作用を起こしやすいかどうかなどを予測でき、より効果が高く、安全で有効な治療が期待できます。

たとえば、患者の血液を1滴採取して遺伝子診断を行い、最適な薬の量を割り出したり、最適な投薬期間を調べたりすることが可能となっています。

また、抗がん剤、抗てんかん剤、抗うつ剤、抗リウマチ剤、ある種の抗生物質などについては、DNAの個人差によって、副作用の現れ方に違いがあることがわかっています。

オーダーメイド医療が定着すれば、薬の無駄な使用を減らすことができ、医療費の軽減にもつながります。

オーダーメイド医療を受けると

肺がんです。
えっ!!
えっ!!

でも、あなたの遺伝子型なら、
とてもよく効く抗がん剤を使えます。

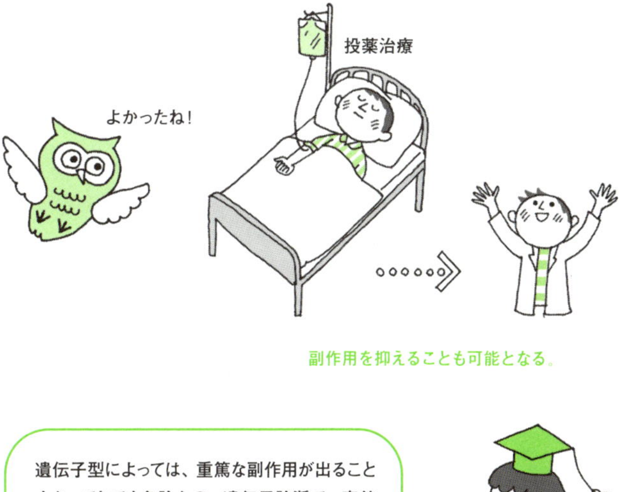
投薬治療
よかったね!

副作用を抑えることも可能となる。

遺伝子型によっては、重篤な副作用が出ることもあってとても危険なの。遺伝子診断で、事前に効果や副作用の有無を確認できるのは大切なことなのよ。

065

遺伝カウンセラーってどんな職業なの？

親から子へ受け継がれていく遺伝に対して、なんらかの不安を抱える人たちに正しい情報を伝え、理解したうえで意志決定ができるようにカウンセリングをする職業です。

日本での認知度は低いようですが、米国では1980年代に遺伝子診断が実用化されると、遺伝性の疾患だけでなく、がんや生活習慣病も遺伝カウンセリングの対象になっています。

日本では、おもに医師が遺伝カウンセリングを行っています。

血縁者に遺伝性疾患や先天性異常の人がいて、自分や子どもが同じ病気になるのではないかと不安に思っている人、結婚の相手が血縁者で結婚しようか迷っているカップル、妊娠中に薬の服用やX線検査を受けたため胎児への影響を心配している妊婦などが、カウンセリングを受けにくるようです。

近年の医学分野における遺伝学の進歩は目覚ましく、多くの遺伝性疾患の原因が明らかにされ、遺伝子レベルでの正確な診断ができるようになりました。

同じように発症前診断、出生前診断も正確に行えるようになってきているため、より直接的に遺伝的な問題に対する不安を解消することができるようになってきています。

遺伝カウンセラーの必要性

Yさんの家系図
Yさん
…乳がん発症者

早期発見が
大切だね！

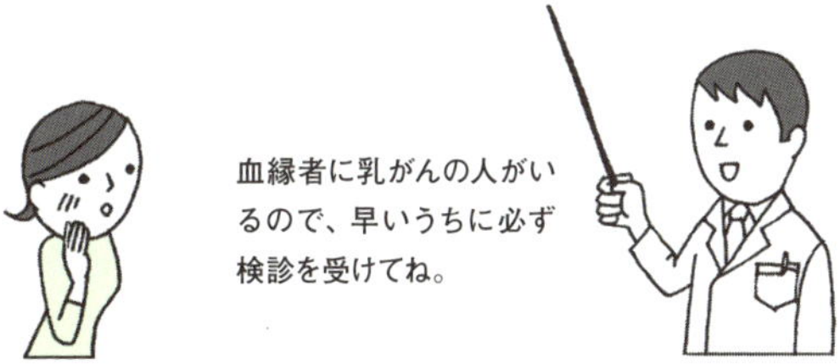
血縁者に乳がんの人がいるので、早いうちに必ず検診を受けてね。

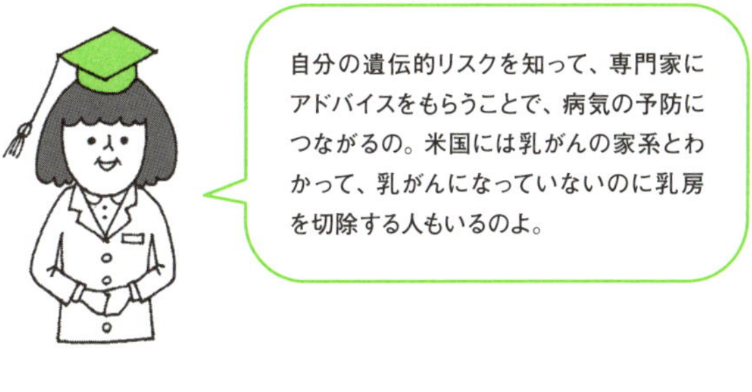
自分の遺伝的リスクを知って、専門家にアドバイスをもらうことで、病気の予防につながるの。米国には乳がんの家系とわかって、乳がんになっていないのに乳房を切除する人もいるのよ。

066

火事場の馬鹿力は遺伝子のせいなの？

火事のときに、お年寄りが大きなタンスを持ち上げる、というような「火事場の馬鹿力」が知られています。

これは、今まで眠っていた遺伝子に、「これまでにない力を出せ！」という指示が出されたからという説があります。

「この場合には働け、この場合には眠れ」と、遺伝子は活発に働いたり（オンの状態）、寝ていたり（オフの状態）するといわれています。

また、環境や精神状態によっても、遺伝子はオンやオフになると考えられています。

このことから、自分の好きなことをするといったプラス思考とかやる気が、それまで眠っていた遺伝子を目覚めさせるのかもしれません。

英国作家のハーマン・メルヴィルが書いた小説『白鯨』では、白いマッコウクジラに片足を食べられた船長が、復讐のため追跡し、壮絶な死闘の末に乗組員が全員死亡するなか漂流して助かったのですが、1日で白髪になったという結末でした。

これも、恐怖によって、オフの遺伝子が目覚めた結果なのかもしれません。

遺伝子のオンとオフ

わ!
おじさん
すごい力持ち!!

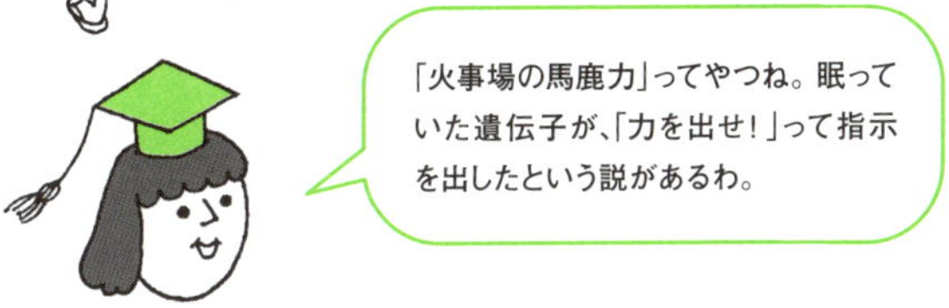
「火事場の馬鹿力」ってやつね。眠っていた遺伝子が、「力を出せ!」って指示を出したという説があるわ。

発現調節領域
まだ、そのときではない…。
しーん
おっ、今だ!
ピピッ
起きろー。
遺伝子
よしきた!!
ガバッ
OFF
ON

遺伝子は発現調節領域の命令によって、スイッチがオンやオフになるのよ。

067

男性に薄毛が多いのはなぜ？

薄毛は男性に遺伝することがわかってきました。

体に生えているすべての毛は、皮膚が変形したものです。

ヒトは受精後、毛がつくられる時期になると遺伝子が働き始めて、皮膚の表皮細胞に向かって「毛に変化せよ」と信号が送られ、表皮細胞が増えて毛の細胞になるといわれています。

私たちの毛には、「生えて→伸びて→抜ける」という周期があります。男性は年齢を重ねると、この周期を繰り返すたびに、毛が細く短くなることがわかっています。

これは、毛の細胞が男性ホルモンを受け取るタンパク質を持っていて、男性ホルモンを受け取ると、毛の細胞の働きが弱められてしまうからと考えられています。

実際に、若くして薄毛になった男性群とそうでない男性群とでは、男性ホルモンを受け取るタンパク質の遺伝子の違いが確認されています。

また、通常薄毛は、前頭部と頭頂部に見られます。

これも、男性ホルモンを受け取るタンパク質の分布と感受性の違いが影響しているのではないかと考えられています。

男性の薄毛の仕組み

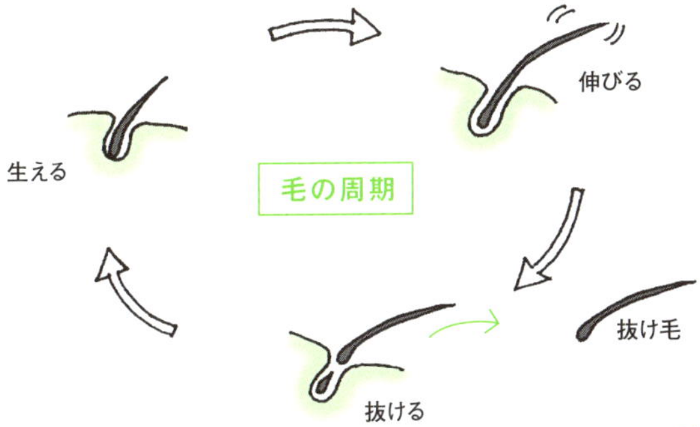
毛の周期
生える
伸びる
抜ける
抜け毛

男性は歳を重ねるごとに毛が細くなっていく。

なんで
男の人だけ!?
毛の細胞は、男性ホルモンを受け取るタンパク質を持っているのよ。男性ホルモンは、毛の細胞の働きを弱めてしまうの。
でも、このあたりの
薄毛なら…。
いまは治療法もあるから、
お医者さんに相談しましょう!

068

性格が遺伝子に影響されるって本当？

本当です。関係がなさそうに見える私たちの性格や個性に対して、影響を与える遺伝子が見つかっています。

なかでも、新しモノ好きや、攻撃的な性格に関連する遺伝子が明らかになってきました。

快感や満足感などの刺激を受けると、ドーパミンという化学物質が、ある神経細胞から別の神経細胞に受け渡されます。その、ドーパミンを受け取るタンパク質の遺伝子が見つかりました。

「新商品と聞くと思わず手が出てしまう」とか「スリル好き」などの性格に影響しているらしいことから、性格に関連した初めての遺伝子として注目を集めました。

さらに、遺伝子との関係が明らかにされた性格のひとつに、「攻撃性」があります。

放火やレイプ、露出癖など、衝動的な行動や攻撃的な行動をとる人が多い家系について遺伝子を調べてみると、モノアミン酸化酵素A（MAOA）をつくる遺伝子に異常があり、この酵素が、まったくつくられていないことがわかりました。

また、特に攻撃的な男性では、男性ホルモンやアドレナリンが多く分泌されていることが明らかになっています。

遺伝子と性格の関係

快感
満足感
ドーパミン
大放出!!
LiKE
新しいモノ
スリル

ドーパミンを受け取るタンパク質の遺伝子のわずかな違いが、「新しモノ好き」「スリル好き」などの性格に影響を与えているのよ。

すごい!!
性格と遺伝子って
関係があるんだね。

研究結果から、性格の約65%は遺伝によって、残りの約35%は環境や育児によって決まるといわれているの。

069

太るのはやっぱり遺伝なの？

私たちには、肥満遺伝子があることがわかっています。このことから、両親からの遺伝で、子どもも肥満になりやすいといえます。

また、昼は脂肪を分解してエネルギーをつくり出し、夜は逆にエネルギーを脂肪としてため込む遺伝子があります。夜遅く食事をとると太るのはこのためです。

ヒトは、原始時代には狩猟採集の生活を送っていましたが、獲物を捕らえたときはたらふく食べて体内に脂肪を蓄積し、獲物が捕れないときには蓄積した脂肪を燃焼させて生き延びました。つまり、必要な栄養分以外は、ため込む遺伝子が働いていたのです。

豊かなライフスタイルにどっぷりつかっている私たちですが、このため込む遺伝子のおかげで、多くの人が脂肪をため込みすぎて太るようになりました。

しかし、諦めなくても大丈夫です。

肥満の原因は遺伝子だけでなく、摂取エネルギー、運動、食習慣、食行動にも関係しています。

肥満を防ぐには、早食いをせずに味を楽しむこと、食物繊維を上手にとること、腹八分目にとどめることなど、日々の生活で気をつけることが大切です。

太る遺伝子

肥満遺伝子

ボクたち
肥満遺伝子!
ここにもいるよ!!

肥満遺伝子の存在が判明しており、両親からの遺伝で、子どもも肥満になりやすい。

肥満遺伝子の働き

昼

シ〜ン。
消化酵素など
分解
せっせ
せっせ
脂肪

脂肪を分解して、
エネルギーをつくり出す。

夜

ためて!
タンパク質
ため
とこ…
脂肪

エネルギーを脂肪としてため込む。

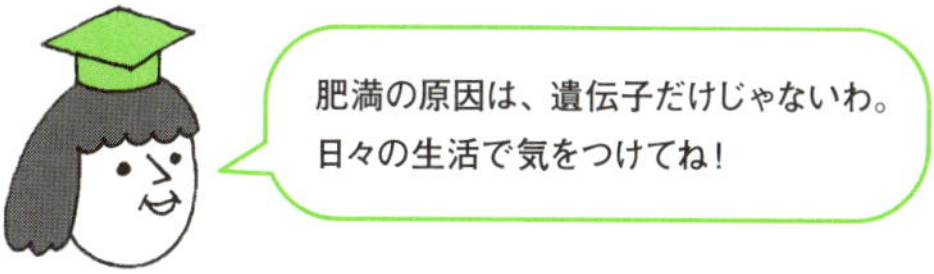
肥満の原因は、遺伝子だけじゃないわ。
日々の生活で気をつけてね!

070

脂肪をため込む遺伝子があるって本当？

本当です。 夜遅くに食事をすると太るのは、脂肪を蓄積する遺伝子が原因であることがわかっています。

BMAL1遺伝子がつくるタンパク質は、脂肪をつくり、体内にため込む酵素を増やす役割や、脂肪を分解してエネルギーに変える酵素を減らす役割を持っています。

またBMAL1タンパク質は、昼間はオフ状態なのに対して、夜は活発になるという体内リズムを持っています。

そのタンパク質量は、午後3時のおやつのころは少なく、午後10時～午前2時ごろには、午後3時の約20倍に増えるといわれています。BMAL1タンパク質が増えると、細胞は脂肪をため込みやすくなり、減少すると脂肪をため込みにくくなります。

つまり、BMAL1タンパク質の量が増える夜にたくさん食べると、肥満になりやすいということです。

さらに、太っている人ほど、昼間は少なくなるはずのBMAL1タンパク質量が、多いまま減少しないこともわかっています。

太れば太るほど、脂肪を蓄積しやすい体質になる可能性があるのです。

脂肪をため込む遺伝子の働き

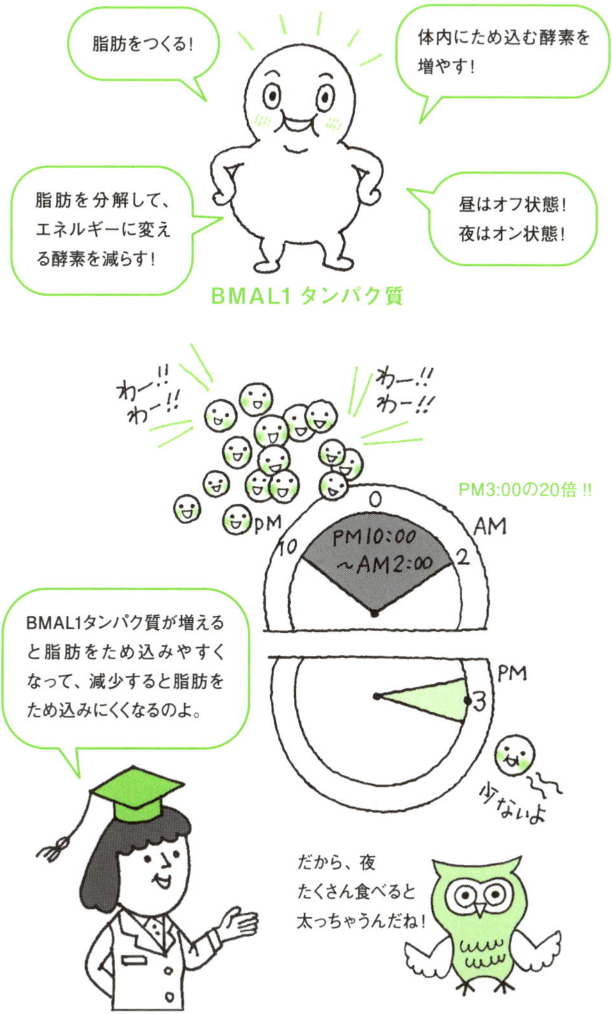

脂肪をつくる!
体内にため込む酵素を増やす!
脂肪を分解して、エネルギーに変える酵素を減らす!
昼はオフ状態!夜はオン状態!
BMAL1 タンパク質
わー!! わー!!
わー!! わー!!
PM3:00の20倍 !!
0
PM
AM
10
2
PM10:00 ~AM2:00
PM
3
少ないよ
BMAL1タンパク質が増えると脂肪をため込みやすくなって、減少すると脂肪をため込みにくくなるのよ。
だから、夜たくさん食べると太っちゃうんだね!

071

長生きになる遺伝子があるって本当？

長生きになる遺伝子は、**長寿遺伝子**と呼ばれ、いくつか知られています。そのひとつに、**SIRT1遺伝子**があります。

このSIRT1遺伝子は、誰でも持っている遺伝子なのですが、残念ながら普段は眠っています。それを簡単に起こす方法があります。

カロリー摂取を制限するのです。

カロリー制限と長寿の関係について、いろいろな動物で実験されています。平均寿命が約26年のサルに、普通にエサを与えた場合、20年以上経つと毛は薄くなり、皮膚にシワが多くなりました。

一方、30％のカロリー制限をしたサルのほうは、20年以上経っても毛もフサフサで艶があり、皮膚も若々しさを保っていたそうです。

また、ヒトは老化すると、細胞のエネルギー工場であるミトコンドリアが弱体化して活性酸素を多く出すようになり、免疫力も衰えます。

SIRT1遺伝子には、活性酸素の除去や筋力を強化し、老化を防ぐ働きがあることがわかりました。

ヒトでは、30～40代の若い年代がカロリー制限をするとより活性化するそうですが、難点はカロリー制限をやめると、すぐに遺伝子が働かなくなることです。

カロリー制限と長寿の関係

通常量のエサを与えた場合

30%のカロリー制限をしてエサを与えた場合

20年以上経つと…
毛が薄くなるよ。
シワが増えるよ。
皮膚はツヤツヤよ。
毛はフサフサよ。

えっ、どういうこと!?

普段は眠っている長寿遺伝子のひとつ、SIRT1遺伝子が、カロリー制限をすることで目覚めたのよ。かわいいペットに、食事をあげすぎるのもよくないわ。

072

おいしさを感じるのも遺伝子が関係しているって本当？

本当です。旨味、苦味、甘味、酸味、塩味の５つの基本味のうち、旨味と甘味を感知する遺伝子がつくるタンパク質の複合体が見つかっています。

旨味物質として知られているグルタミン酸を、このタンパク質の複合体である旨味受容体（レセプター）に接触させると、おいしいと感じるシグナルが発信されることがわかっています。

のちに旨味成分として発見されたイノシン酸だけでは、このシグナルを発信することはありませんでした。

しかし、グルタミン酸と一緒にした場合に、イノシン酸がグルタミン酸のシグナル発信を増強させることが明らかになっています。

グルタミン酸をたくさん含む昆布と、イノシン酸をたくさん含む鰹節を合わせてだし汁をつくると、旨味が相乗されることは知られていました。その科学的根拠が示されたことになります。

味覚は、必要な栄養素を積極的にとるためにも、毒物・腐敗物をとるリスクを避けるためにも、欠くことのできない機能です。

今後、味覚に個人差があるかどうかなど、私たちの味覚にまつわるさまざまな現象が、味受容体の解析でわかることでしょう。

おいしさと遺伝子の関係

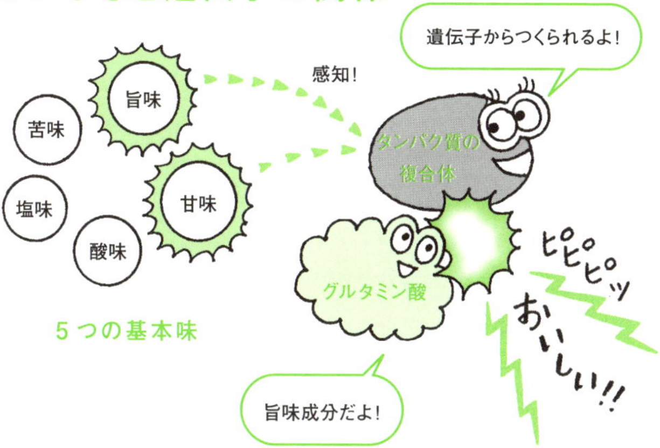
遺伝子からつくられるよ！
感知！
旨味
苦味
甘味
塩味
酸味
タンパク質の
複合体
グルタミン酸
ピピピッ
おいしい!!
5つの基本味
旨味成分だよ！

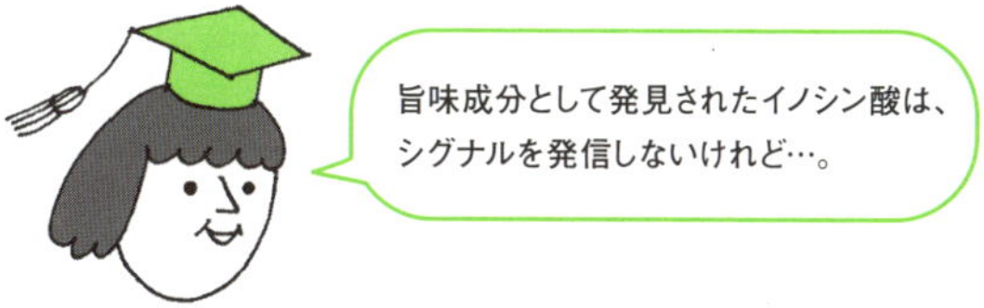
旨味成分として発見されたイノシン酸は、
シグナルを発信しないけれど…。

シグナル発信パワーアップ!!
イノシン酸
グルタミン酸
がしっ

イノシン酸がグルタミン酸と一緒の場合は、
グルタミン酸のシグナル発信を増強する。

073

野菜嫌いは遺伝子に関係があるの？

関係しています。

苦味の感じ方には個人差があり、遺伝子の影響を受けることがわかってきました。

米国の研究員が、フェニルチオカルバミド（PTC）という化合物の粉末を実験中にこぼしたため、舞い上がった粉末を吸い込んでしまった同僚が「ひどく苦い」と怒ったのですが、こぼした本人はなにも感じませんでした。

このことから、この化合物を苦く感じる人と、そうでない人がいることがわかりました。

さらに、舌[*1]の表面細胞で、苦味物質を受け取るタンパク質の**TAS2 R38遺伝子**が見つかりました。この遺伝子には、感度の異なる3つのタイプがあるそうです。

高感度型の遺伝子を持つ人は苦味に敏感で、逆に感度の低い型の遺伝子を持つ人は、あまり苦味を感じないようです。

高感度型の遺伝子を持つ人が、野菜嫌いになりやすいということです。

最近、この遺伝子が、ブロッコリーやキャベツを苦く感じるかどうかにも関係していることがわかりました。

遺伝子と味覚

PTCの粉末
にがっ!!

苦味の感じ方には個人差がある。

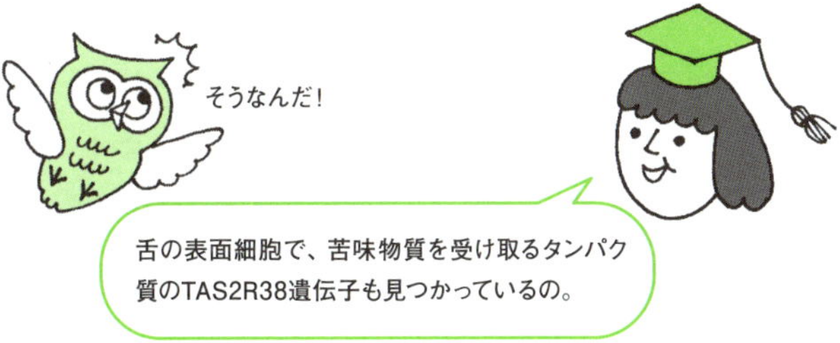
そうなんだ!
舌の表面細胞で、苦味物質を受け取るタンパク質のTAS2R38遺伝子も見つかっているの。

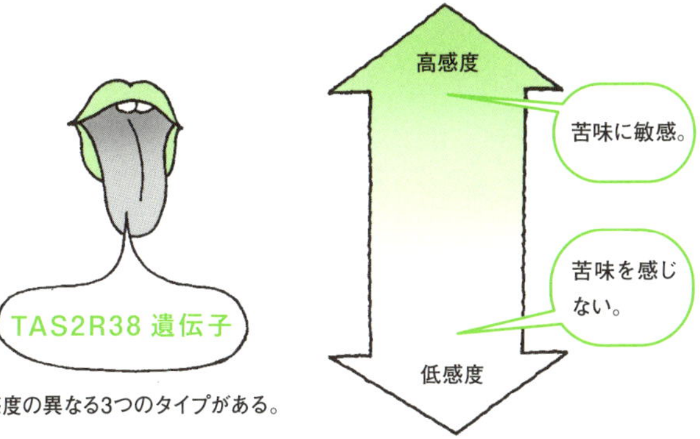
高感度
苦味に敏感。
苦味を感じない。
低感度
TAS2R38 遺伝子

感度の異なる3つのタイプがある。

＊1：ヒトの舌には、味を感じるための細胞が集まっている味蕾（みらい）が数千～1万個あり、食べ物の甘味・酸味・苦味・塩味に対応している。

074

お酒の強い、弱いも遺伝子に関係があるの？

お酒の強い、弱いも、遺伝子が関係しています。

日本人は外国人に比べて、アセトアルデヒド脱水素酵素（ALDH）をつくる遺伝子が少なく、お酒に弱いことがわかっています。

アルコールは胃や腸で吸収され、その後、肝臓に運ばれます。

肝臓に運ばれたアルコールの80％は、アルコール脱水素酵素（ADH）によって酸化され、アセトアルデヒドになります。

さらにアセトアルデヒドは、ALDH酵素により酸化されて酢酸になります。そして、最終的には水と二酸化炭素に分解されて、体外に排出されます。

日本人の85％は、十分に働くADH酵素をつくる遺伝子は持っていますが、ALDH酵素をつくる遺伝子が少ないのです。

このALDH酵素の遺伝子には、Ⅰ型とⅡ型があります。Ⅰ型は酸化する効率がとても低く、Ⅱ型は効率よく酸化するのですが、日本人の約半分はⅡ型の遺伝子を持っていません。

お酒に酔って気持ちが悪くなるのは、Ⅱ型のALDH酵素がないため、アセトアルデヒドが分解されず体内に蓄積されるからです。

外国人に比べて、日本人がお酒に弱い人が多いのは、このためなのです。

お酒に弱い日本人

外国人に比べて日本人は、悪酔いの原因となるアセトアルデヒドを分解するⅡ型のALDH酵素の遺伝子を持たない人が多いから、お酒に弱い人が多いの。ムリしないでねー！

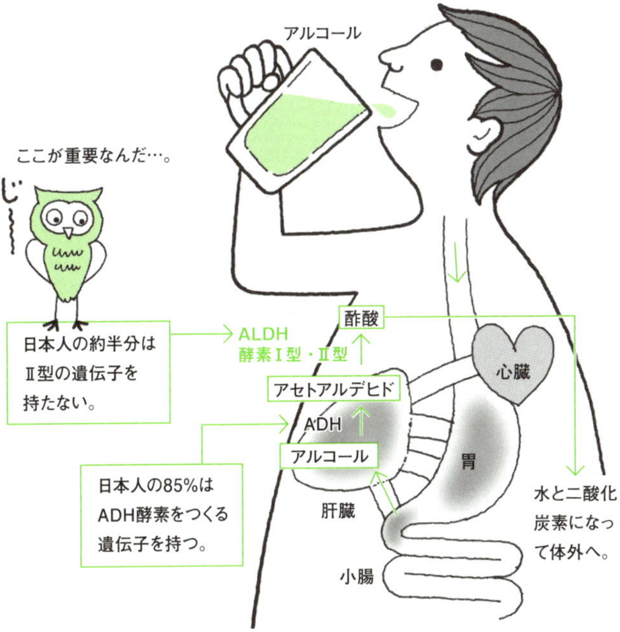
アルコール
ここが重要なんだ…。
じ〜〜〜
日本人の約半分はⅡ型の遺伝子を持たない。
ALDH
酵素Ⅰ型・Ⅱ型
酢酸
アセトアルデヒド
ADH
アルコール
日本人の85%はADH酵素をつくる遺伝子を持つ。
心臓
胃
肝臓
小腸
水と二酸化炭素になって体外へ。

075

遺伝子が体内時計をコントロールしているって本当？

本当です。時計遺伝子ピリオド（Period）の発見によって、体内時計の存在が明らかとなりました。

体内時計とは、生物が生まれつき体内に持っている、覚醒と睡眠を一定周期で繰り返すリズムのことをいいます。これまでに、ヒトの周期リズムは約24時間であることが確認されており、おおむね1日を周期としていることから、概日（サーカディアン）リズムと呼ばれています。

寝ているときも体内時計は働いているため、目覚まし時計がなくてもだいたい決まった時刻に目を覚まし、胃腸や肝臓などは朝食への準備を始めます。

また、時差ボケは、自分の体内時計のリズムと、到着地での昼夜のリズムにズレが生じるために起こります。

サーカディアンリズムが乱れると、不眠症やうつ病などの病気になることがあります。また、同じ薬でも、飲む時間によって効果が大きく変わることもわかってきました。

私たちは、体内時計のリズムに合った生活を送ることが、健康を守るうえでも大事なのです。

時計遺伝子ピリオドの働き

シーン
あれ?
チュンチュン
目覚まし時計が
鳴ってないけど
起きられた…。

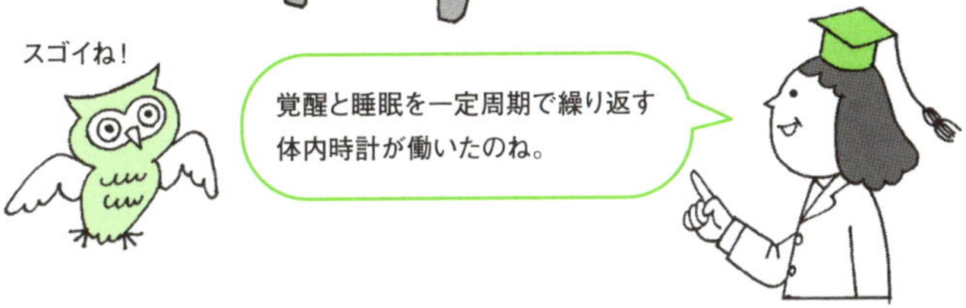
スゴイね!
覚醒と睡眠を一定周期で繰り返す
体内時計が働いたのね。

まったく家から
出ないねぇ…。
おーい!
出てきなよー。
……
室内生活
夜型生活

体内時計が乱れると…

不眠症やうつ病などの病気にもなる

076

ヒトにはウイルスや細菌をやっつける遺伝子はないの？

ありります。私たちの体は、ウイルスや細菌など、外敵を防ぐための多くの防御機構を持っています。

ヒトは、インターフェロンと呼ばれるタンパク質をつくる遺伝子を持っています。健康で免疫力が高いときは、このインターフェロンが感染したウイルスを撃退してくれます。

日本で発見された代表的な「インターフェロンα」は、現在医薬品として、C型肝炎ウイルスの治療に使われています。

また、腫瘍壊死因子といわれるTNF-α遺伝子があります。この遺伝子がつくるTNF-αタンパク質は、おもに白血球のひとつであるマクロファージでつくられ、固形がんに対して出血性の壊死を起こして、がんをやっつけてくれます。

ほかにも、病原性の生物による感染を防ぐ免疫系の仕組みをたくさん持っています。

たとえば、マクロファージはアメーバ状の細胞で、生体内に侵入したウイルスや細菌、または死んだ細胞を食べて消化してくれます。

さらに、白血球のひとつであるリンパ球の一種にナチュラルキラー細胞（NK細胞）があり、特にがん細胞やウイルス感染細胞を殺す働きをしています。

防御機構を持つ遺伝子

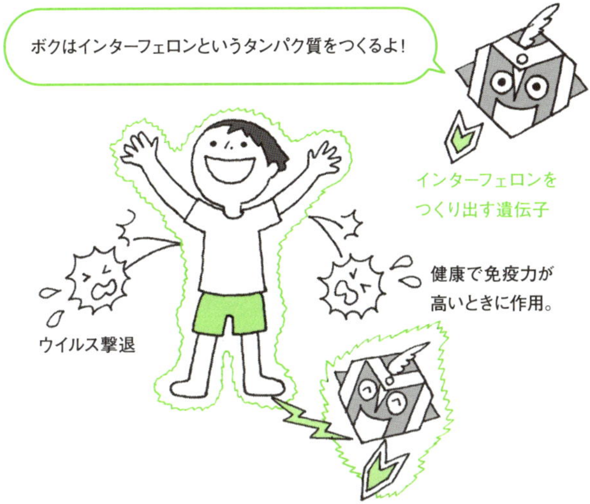

ボクはインターフェロンというタンパク質をつくるよ！
インターフェロンをつくり出す遺伝子
ウイルス撃退
健康で免疫力が高いときに作用。

インターフェロンαは医薬品として、C型肝炎ウイルスの治療に使われている。

TNF-α遺伝子
ワタシはTNF-αタンパク質をつくります。
ビビビ……
固形がん
出血性の壊死を起こしてがんをやっつける。

077

がんを引き起こす遺伝子があるって本当？

本当です。私たちの体には、変異を起こすと、がんになってしまう遺伝子が数多くあることがわかっています。

がんになる原因は、環境的な要因のほかに、遺伝的な要因もあります。ほとんどのがんが、遺伝子の病気といってもいいほどです。

発がん性を持つウイルスのがん遺伝子をよく調べると、同じ塩基配列を持つ遺伝子を、健康な人でも持っていることがわかりました。

がん遺伝子は、特別なものではありません。私たちが持っている正常な遺伝子が変異したものなのです。

がん遺伝子に変異を起こす前の遺伝子は、がん原遺伝子（がんにはなっていないが、がんを引き起こす可能性を持つ遺伝子）と呼ばれています。

つまり、私たちの正常な細胞のなかには、がん原遺伝子がもともと存在しているのです。そして、通常この遺伝子は、細胞の分裂や分化などに関わるタンパク質を合成するなど、重要な働きをしています。

このがん原遺伝子が変異を起こしてしまうと、がん遺伝子に変化して無秩序な細胞の増殖を繰り返すようになり、がんが引き起こされるのです。

みんなが持っているがん原遺伝子

ボクたち
持ってるよ!

健康な人でも…細胞は、
がん原遺伝子を持っている。

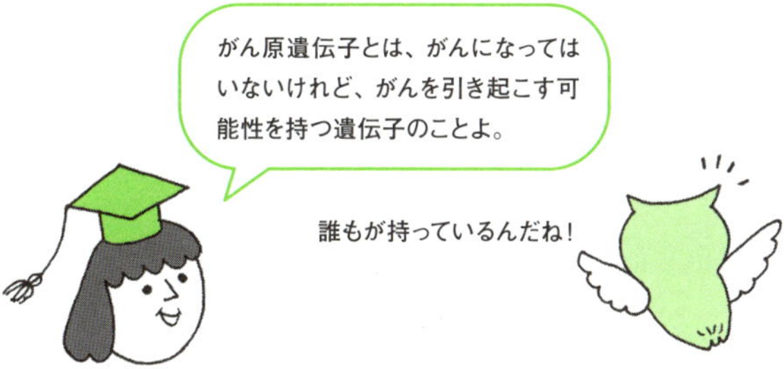
がん原遺伝子とは、がんになってはいないけれど、がんを引き起こす可能性を持つ遺伝子のことよ。
誰もが持っているんだね!

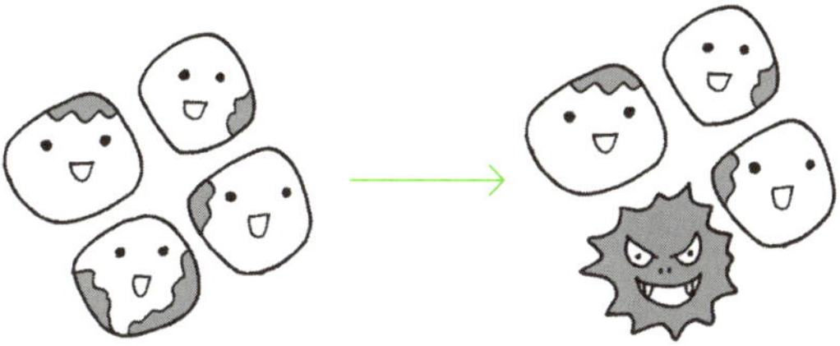

がん原遺伝子が
変異を起こすと…。

がん遺伝子に変化!
増殖を繰り返して、
がんを引き起こす。

078

がんを抑える遺伝子があるって本当？

本当です。私たちの体の細胞は本当に複雑で、がん化を抑える遺伝子の存在がわかっています。

この遺伝子をがん抑制遺伝子といいます。

正常な細胞は、分裂・増殖しすぎないようにコントロールされています。遺伝子に変異が起きて、がん化するがん遺伝子を車のアクセルに、一方、がん化を防いでくれるがん抑制遺伝子をブレーキにたとえることができます。

がん抑制遺伝子は複数存在し、RB遺伝子、p53遺伝子＊1などが有名です。

この遺伝子に変異が起こると、がんを抑えるブレーキの作用がなくなり、がんになると考えられています。

しかし、ひとつの遺伝子が変異を起こしただけでは、がんにはなりません。がん原遺伝子が変異を起こしてがん遺伝子になったり、がん抑制遺伝子が変異を起こすなど、多数の遺伝子の変異が重なることでがんを発症します。

遺伝的に発がんしやすい家系の人を除いて、がんが発症する頻度は、何年もかけて細胞に異常が蓄積されるため、50歳代以降の人に高くなります。

がん化にブレーキをかける遺伝子

がんは、怖いよー。
どうにかならないの…。
安心して！
心強い遺伝子が
いるのよ！
がん抑制遺伝子
がん化を抑えます！
わあ〜〜
がん遺伝子を車にたとえると…
がん遺伝子
アクセル GO！
全開
ゴー
がん化が進んでしまう!!
ブレーキ！
キキッ…
がん抑制遺伝子
がん化を防ぐ!!
ヒトの体は複雑で、どちらも
持ち合わせているのよ。

＊1：p53遺伝子がつくるタンパク質は、おもにふたつの働きをする。ひとつはがん抑制遺伝子として、DNAの傷を治すまで細胞増殖を止めておく。もうひとつは、DNAが傷ついた細胞をアポトーシスによって殺し、細胞のゲノムを守る。このことから、p53遺伝子は「ゲノムの守護神」とも呼ばれる。

079

細胞を自殺させる遺伝子があるって本当？

本当です。生物はつねに新しい細胞がつくられていますが、どんどん大きくなるわけではありません。古くなったり、がん化するなどの異常を起こすと計画的にその細胞を自殺させる仕組みを持っています。これをアポトーシス（プログラムされた細胞死）といいます。

生物の発生過程で、決まった時期や部位で細胞死が起こり、これが生物の形態変化などの原動力となっています。

たとえば、オタマジャクシからカエルになる際に、尻尾がなくなるのはアポトーシス*1によるものです。

アポトーシスは、個体をより良い状態に保つために、積極的に細胞死を引き起こしているのです。

関連する遺伝子としては、TNF遺伝子、p53遺伝子、HARAKIRI（Hrk）遺伝子などがあります。

HARAKIRI遺伝子は「切腹」をイメージして名づけられ、脳虚血時やアルツハイマー型痴呆によって神経が変性すると、その神経細胞に死を引き起こすそうです。

これに対し、放射線や外傷などの物理的要因によってダメージを受けた組織の細胞が死ぬことを「壊死」（ネクローシス）と呼び、アポトーシスとは区別しています。

プログラムされた細胞死

細胞を自殺させる
遺伝子!?
キミ、そろそろ消えて。
細胞
遺伝子
アポトーシス
正確には、計画的に細胞を自殺させる仕組みを持った遺伝子ね。

オタマジャクシにおけるアポトーシス

尾がある。
尾がない。

個体をより良い状態に保つため、
積極的に細胞死を引き起こしているケロ!
スゴイ!!

＊1：アポトーシス（Apoptosis）の語源はギリシャ語で、「apo（離れて）」と「ptosis（下降）」に由来し、「（枯れ葉などが木から）落ちる」という意味。

080

瞳、髪、皮膚の色を決める遺伝子があるって本当？

本当です。瞳や髪、皮膚の色に関わる遺伝子は、少なくとも11個見つかっています。これらの遺伝子の機能はよくわかっていません。

瞳の色は、メラニンの含量で決まると考えられています。メラニンも、遺伝子の指示のもとつくられるタンパク質です。

メラニン含量が少なくなると、黒色から濃茶色、薄茶色、栗色、緑色、灰色、青色へと変化します。含量の少ない外国人の瞳は光に敏感になり、黒色の瞳の人より光を眩しく感じます。

また、メラニンは、髪や皮膚の色にも関係しています。

皮膚の場合は、皮膚の最深部にある色素細胞でメラニンがつくられています。シミの原因として女性から嫌われているメラニンですが、紫外線による細胞障害を防ぐという重要な役割を担っています。

色素がなくて、皮膚や瞳が真っ白になる「白皮症」という病気もあります。これは、皮膚の色に関わっている遺伝子がなくなって起こる病気です。

これらの遺伝子は、個人を特定するのに役立ちます。

デオキシリボ核酸（DNA）を解析し、瞳や髪、皮膚の色などに関わる遺伝子の組み合わせを調べることにより、その人の顔つきなどを推定することが可能になります。

メラニンの役割

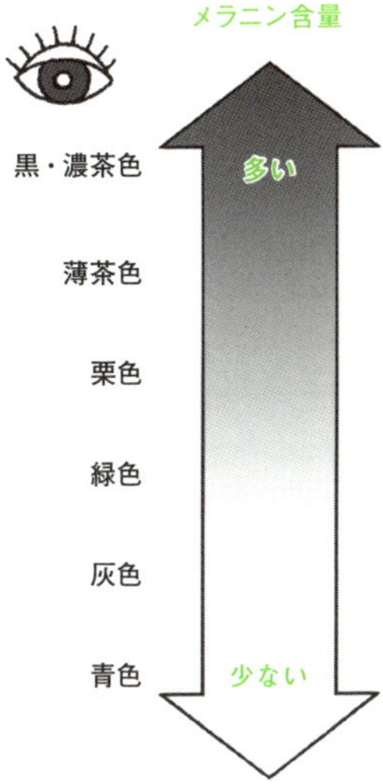

メラニン含量
黒・濃茶色
薄茶色
栗色
緑色
灰色
青色
多い
少ない

メラニンも、遺伝子の指示のもとつくられるタンパク質なのよ。

まぶしい!!

シミができちゃう!

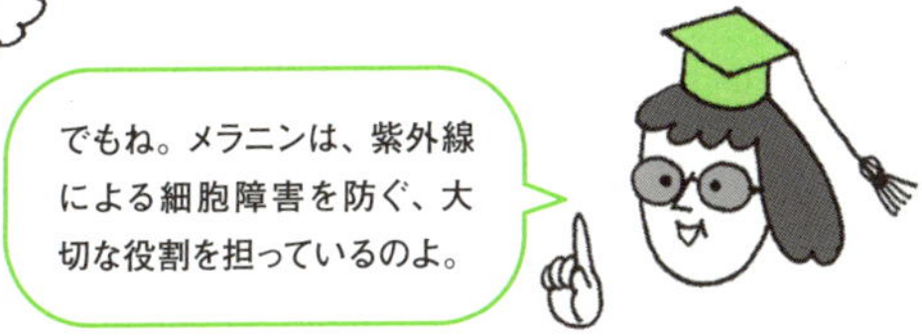

でもね。メラニンは、紫外線による細胞障害を防ぐ、大切な役割を担っているのよ。

081

美肌をつくる遺伝子があるって本当？

本当です。美肌をつくる、Ⅰ型コラーゲンのCOL1A1遺伝子とCOL1A2遺伝子が見つかっています。

遺伝子によってつくられるタンパク質のコラーゲンは、私たちの体を構成している全タンパク質の25％を占め、もっとも多く存在するタンパク質です。

コラーゲンの種類は多く、そのなかで皮膚や骨、角膜を構成しているコラーゲンの主成分をⅠ型コラーゲンと呼んでいます。

Ⅰ型コラーゲンは、3本のタンパク質が撚り合わされた、ロープのような構造をしています。

最近は、コラーゲン化粧品やサプリメントが販売され、人気を集めています。しかし残念ながら、皮膚に塗ったり飲んだりしたコラーゲンが、そのまま皮膚のコラーゲンになることはありません。

皮膚は、体のなかに有害な物質が侵入しないように、厳重なバリアを張っています。このバリアを破って、コラーゲンが皮膚に吸収されるのは至難の業です。また、食べたコラーゲンは、胃などにある分解酵素によって、アミノ酸やペプチドに分解されてしまいます。

美肌を保つには、遺伝だけでなく、生活習慣や努力が大きく関係しているようです。

Ⅰ型コラーゲンの構造

Ⅰ型コラーゲン

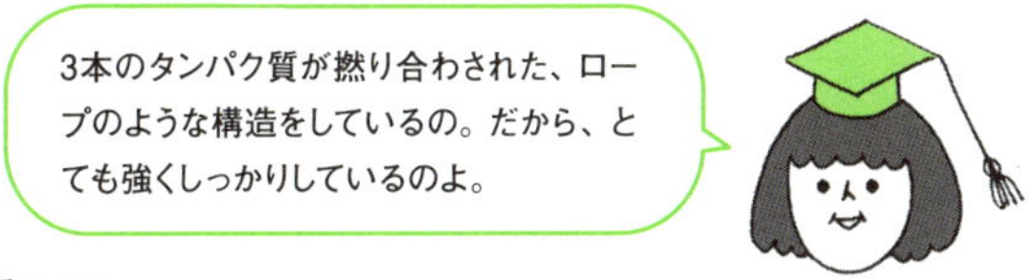
3本のタンパク質が撚り合わされた、ロープのような構造をしているの。だから、とても強くしっかりしているのよ。

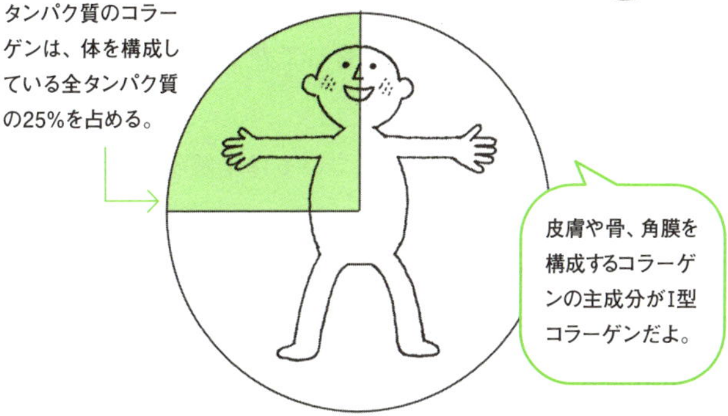
タンパク質のコラーゲンは、体を構成している全タンパク質の25%を占める。
皮膚や骨、角膜を構成するコラーゲンの主成分がⅠ型コラーゲンだよ。

コラーゲン入りの商品があるけれど、使用したからといって、そのまま皮膚のコラーゲンにはならないの。
生活習慣が大切だよっ！
コラーゲン100%
コラーゲン100
エー!!
コラーゲン配合の商品

082

縁結びの遺伝子があるって本当？

本当です。受精に関する、縁結びの遺伝子が見つかっています。

受精は、卵子と精子が表面で融合してから、受精卵を形成するために必要なステップです。

卵子と精子の融合メカニズムについては未解明なことが多く、関連しているタンパク質もなかなか見つかりませんでした。

2000年に、卵子側にCD9遺伝子が見つかりました。

そして2005年に、大阪大学岡部勝教授らのグループが、世界で初めて精子からIZUMO遺伝子を発見しました。縁結びの神である出雲大社にちなんで、「いずも」と名づけられました。

IZUMO遺伝子は、まずマウスで見つかりました。

IZUMO遺伝子を壊して、IZUMOタンパク質が正常に働けないようにすると、オスだけ不妊になりました。このとき、精子自体の運動性や形態的には正常なのに、卵子と融合だけができないという現象が起きたのです。

ヒトにもIZUMO遺伝子が見つかっています。IZUMOに変異が起きると男性側の不妊、CD9に変異が起きると女性側の不妊の原因になります。今後、これらの研究が進み、不妊治療に大いに役立つと思われます。

卵子と精子から発見された遺伝子

縁結びの遺伝子って
どういうこと!?

受精に関係する遺伝子のことよ。

卵子と精子の融合メカニズムについては
未解明なことが多かったが…。

↓

2000年　卵子からCD9遺伝子が発見される！
2005年　精子からIZUMO遺伝子が発見される！

IZUMOは
大阪大学岡部勝教授らの
グループが発見!!

縁結びの神様がいる出雲
大社にちなんで、「いずも」と
いう名前にしよう！

遺伝子に変異が起きると…

IZUMO遺伝子
↓
男性側の不妊

CD9遺伝子
↓
女性側の不妊

これからの研究に
期待だね！

083

性別を決定する遺伝子があるって本当？

受精後、胎児となっても、しばらくのあいだは男女の差はありません。なにも起こらないと、すべての胎児は女性として発達を始めてしまうようです。

Y染色体上にある**SRY遺伝子**は、受精卵に働いて、性別をオスに決めるスイッチとなっています。

哺乳類が持っている**性決定遺伝子**です。

SRY遺伝子が男性になる決定因子であることは、マウスの受精卵にSRY遺伝子を導入すると精巣が形成されて、オスとなることで証明されました。この遺伝子が働き始めると、男性としての器官や体質をつくる号令を出し、その後、精巣でつくられた男性ホルモンが活躍して男性として成長していきます。

2006年東京大学の研究者は、湖や田んぼにいる緑色の藻のボルボックスを用いて、オスを決定する遺伝子を見つけました。そして、**侠（OTOKOGI）遺伝子**と名づけました。2008年にはドイツのグループが、ボルボックスの仲間を用いて、メス特有の遺伝子を発見しました。どちらも、ヒトにあるかは不明です。

次の世代を確実に育てるための「性」の解明は、まだまだ始まったばかりです。

遺伝子から見つかる性別のスイッチ

性染色体

女性はXX

男性はXY

Y染色体上にあるSRY遺伝子が、性別をオスに決めるスイッチとなっているの。

2006年にもオスを決定する遺伝子を発見

ボルボックス

ボルボックスから、見つけたぞ！

東京大学の研究者

↓

侠（OTOKOGI）遺伝子と名づけられる！

2008年には、ドイツのグループがメス特有の遺伝子を発見したけれど、これらがヒトにもあるのかは不明なの。

「性」の解明はまだこれからだね！

084

身長が伸びるのも遺伝子のおかげなの？

成長するのは、遺伝子のおかげです。

ヒトは、2〜3歳ごろから15歳ぐらいまで、安定してすくすくと育ち、思春期には爆発的な成長時期を迎えます。

これらの成長を支えているのが、**ホルモン遺伝子群**です。

成長ホルモンは、甲状腺ホルモンや性ホルモンの助けを借りつつ、赤ちゃんから若者への短い期間ですが、成長を支えています。

甲状腺ホルモンは、胎児のころは母親から供給され、脳の発達に重要な役割を果たしています。また、2歳くらいまでは、身長の成長にも大きく関わっています。

その後は、成長ホルモンが、体中の骨の先端にある軟骨細胞に「伸びろ、伸びろ」と促します。

成長途中の骨の両端には「成長坂」と呼ばれる部分があり、そこにある軟骨細胞がまず増殖し、その軟骨細胞が骨細胞に置き換わっていくことで骨が伸びていくのです。

また、骨格筋に対しては、筋肉の成長を促します。

そして、思春期になると性ホルモンが分泌され、大人への転換が図られます。性ホルモンは、同時に成長ホルモンの分泌をもたらし、著しい成長期を迎えるのです。

成長を支えるホルモン遺伝子群

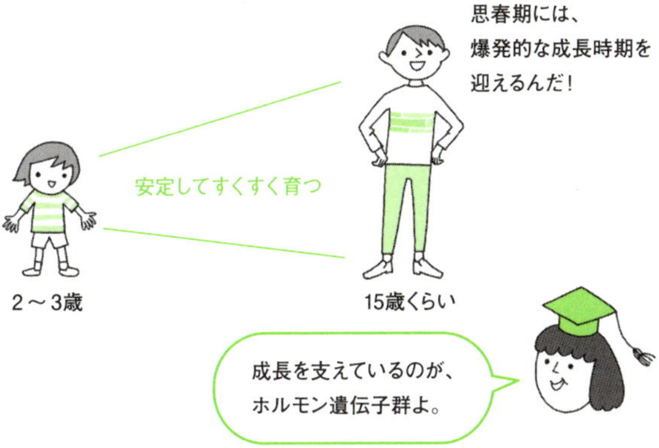
思春期には、
爆発的な成長時期を
迎えるんだ！
安定してすくすく育つ
2～3歳
15歳くらい
成長を支えているのが、
ホルモン遺伝子群よ。

甲状腺ホルモン

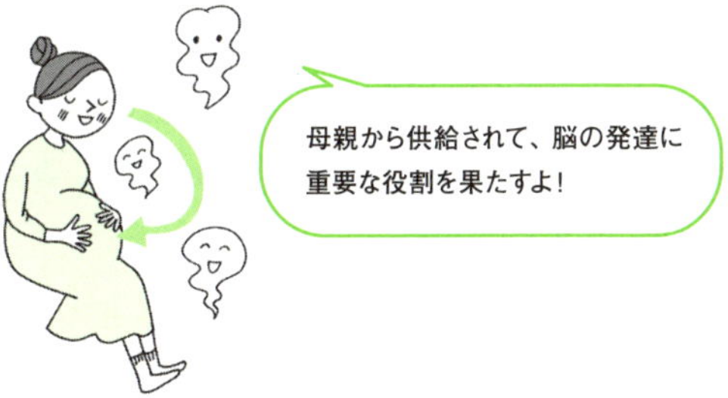
母親から供給されて、脳の発達に
重要な役割を果たすよ！

成長ホルモン

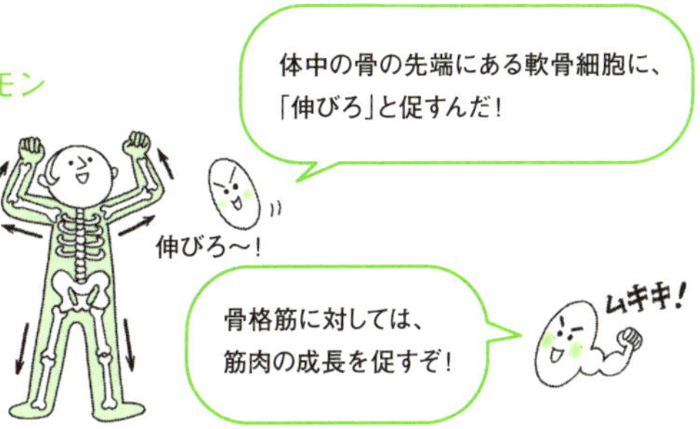
体中の骨の先端にある軟骨細胞に、
「伸びろ」と促すんだ！
伸びろ～！
骨格筋に対しては、
筋肉の成長を促すぞ！
ムキキ！

085

男女の身長差が遺伝子のせいって本当？

本当です。男性が持っているY染色体に、身長を高めるY成長遺伝子があると考えられています。

男性は通常、X染色体とY染色体を1本ずつ持っているのですが、女性でもXYを持っている人がいます。

この女性は、正常女性（XX）と比較して、平均身長が約9cmも高いことから、この遺伝子の存在が推測されました。

性染色体には、このY成長遺伝子のほかにも、身長に関連する遺伝子が存在します。

X染色体とY染色体の両方にある、SHOX遺伝子です。

女性は通常、X染色体を2本持っていますが、1本しか持っていないターナー症候群の女性では、SHOX遺伝子をひとつしか持っていないため低身長になります。

また、この遺伝子は、骨のなかにある軟骨細胞で働いていることがわかっています。身長が伸びるためには骨の伸長が不可欠で、骨が伸びるためには軟骨細胞の増殖が必要です。

SHOX遺伝子は、軟骨細胞の増殖に重要な役割を果たしているようです。

Y染色体にある身長を高める遺伝子

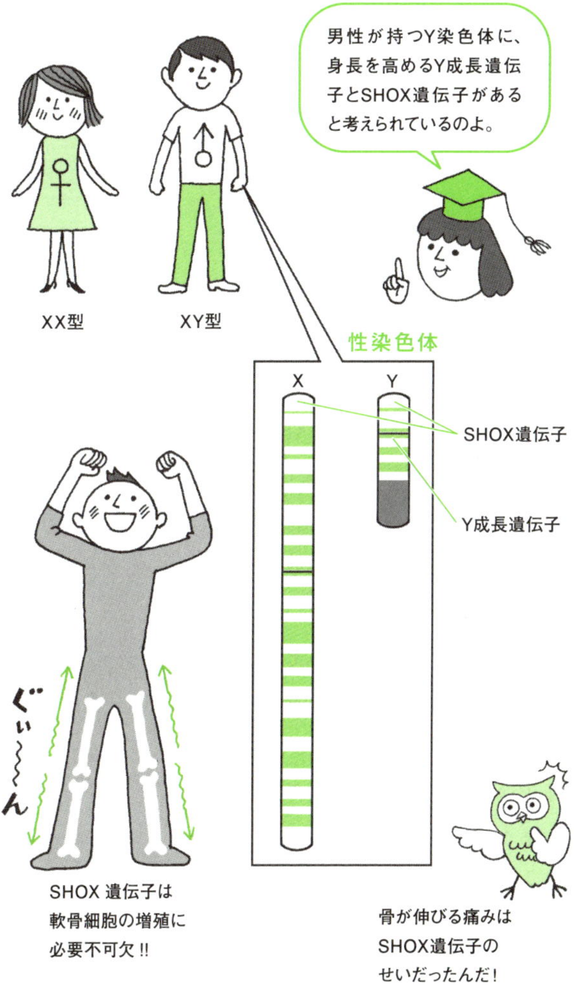
男性が持つY染色体に、身長を高めるY成長遺伝子とSHOX遺伝子があると考えられているのよ。
XX型
XY型
性染色体
X
Y
SHOX遺伝子
Y成長遺伝子
ぐぃ〜〜ん
SHOX遺伝子は軟骨細胞の増殖に必要不可欠!!
骨が伸びる痛みはSHOX遺伝子のせいだったんだ!

086

言葉が話せるのは遺伝子のおかげ？

そうです。言語能力に関係する遺伝子として、FOXP2遺伝子が見つかっています。

文字を正しく発声できない難読症の人のFOXP2遺伝子は、タンパク質のアミノ酸がひとつ変異を起こしていました。

また、自閉症の人では、FOXP2遺伝子が存在する部位で、その染色体がふたつに切断されていました。一般に、自閉症には男性が多く、言葉の障害が起こることがわかっています。

この遺伝子が脳の一部でのみ働いていることから、FOXP2遺伝子が一躍、言語の遺伝子と注目されました。

その後、ヒト、チンパンジー、そしてネアンデルタール人の骨からとったデオキシリボ核酸（DNA）をもとに、FOXP2遺伝子のタンパク質を比較する研究が行われました。

ヒトとネアンデルタール人のあいだでは、FOXP2遺伝子からつくられるタンパク質の違いは、まったくありませんでした。

ヒトとチンパンジーでは、FOXP2遺伝子からつくられるタンパク質のアミノ酸が、ふたつだけ違っていました。

たったふたつのアミノ酸の違いでも、タンパク質の機能に影響を与えていることがわかったのです。

言語能力に関係するFOXP2遺伝子

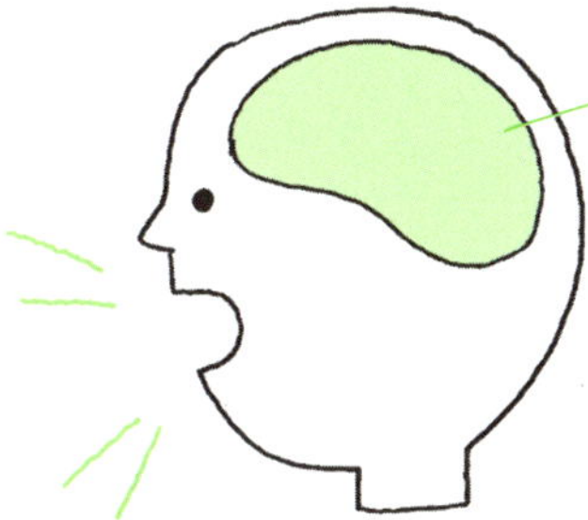

FOXP2遺伝子は、
脳の一部でのみ働
いている。

↓

言語の遺伝子として
注目された！

DNAをもとにFOXP2遺伝子の
タンパク質を比較する研究

ボクは
しゃべれない。

ヒト　　ネアンデルタール人　　チンパンジー

まったく同じ（ヒト・ネアンデルタール人）

アミノ酸にふたつの違い（チンパンジー）

言葉が操れるかの
違いが生まれるん
だね。

087

知能と遺伝子は関係があるの？

ありります。現在までに、X染色体上に60～100個近くの知能遺伝子が見つかっています。

そのため、X染色体は知能の染色体といわれています。

知能と遺伝子の関係は、知的障害のある子どもたちの研究から始まりました。

知的障害のある子どもは、女の子より男の子のほうが多いことがわかっていました。そこで、男性が1本しか持っていないX染色体の遺伝子が変異したためではないかと考えられました。

たとえば、FMR1遺伝子は、シナプス*1の働きに必要なタンパク質を合成します。この遺伝子が変異を起こすと脳の発達が異常になることがわかっています。

PAK3遺伝子とOPHN1遺伝子のタンパク質は、神経細胞の形成に関与しています。

ほかにも、脳のネットワークを形成する多くの遺伝子がX染色体にあり、どの遺伝子に異常が起きても知的障害を起こすことが明らかとなりました。

頭がよくなる遺伝子があるのか、頭のいい家系があるのか、これからの研究が待たれます。

X 染色体に多い知能の遺伝子

X 染色体上に 60 ～ 100 個近くの
知能遺伝子がある !!

X染色体は、「知能の染色体」といわれているのよ。
カッコイイ!

頭のよくなる遺伝子があるのか、頭のいい家系があるのか、これからの研究が待たれている。

＊1：神経細胞間あるいは、神経細胞とほかの細胞間に形成される、シグナル伝達などの神経活動に関わる接合部位。

088

身体能力に関わる遺伝子はあるの？

ありますす。スポーツの能力に関連した遺伝子に、持久力遺伝子があります。

8000m級の山を酸素ボンベなしで登るには、強い持久力が必要です。過去に、8000m級の山の登頂に、無酸素で成功した登山家の遺伝子を調べたところ、ACE遺伝子のタイプに共通性があることが発見されたのです。

ACE遺伝子は、アンジオテンシン変換酵素（ACE）をつくる遺伝子です。ACE酵素は、血液中にあるアンジオテンシンⅠをアンジオテンシンⅡに変換する働きを持っています。アンジオテンシンⅡは、血管を取りまく筋肉を収縮させるため、動脈の内径が狭くなり、血圧が高くなります。

この遺伝子には、ACE酵素の働きが弱いD型と、働きが強いI型の2種類のタイプが知られています。

D型は、遺伝子の一部が欠損しています。無酸素登頂に成功した登山家は、I型を持っていました。

スポーツの能力に関わる遺伝子が見つかってくると、選手の遺伝子型に応じて、種目やトレーニング法が選ばれるようになるでしょう。

登山家と遺伝子

無酸素で登頂に
成功した登山家たち
8000m級の山

ボクたちの
ACE 遺伝子のタイプに
共通性が発見されましたー！

ACE遺伝子は、ACE酵素をつくる遺伝子なの。
ACE酵素の働きには、ふたつのタイプがあるのよ。

ACE 酵素の働き

弱いＤ型

強いＩ型

無酸素登頂に成功した登山家は、ボクを持っている人が多いみたい！

選手の遺伝子型に応じて、
スポーツの種目が決まる日も
近いのかな…。

089

日本人の遺伝子がマラソン向きって本当？

本当です。スポーツの能力を左右する遺伝子で、注目を浴びているのがACTN3遺伝子です。この遺伝子は、筋肉をつくるタンパク質の一種であるαアクチニン3をつくっています。

この遺伝子には、通常型のRR型と、αアクチニン3タンパク質をつくれないXX型の2種類のタイプがあります。

2003年、オーストラリアのオリンピック選手たちを対象にして、ACTN3遺伝子のタイプが調べられました。

その結果、短距離走などの瞬発力を必要とする選手にはRR型が多く、長距離走などの持久力を必要とする選手にはXX型が多いことがわかりました。

また、ACTN 3遺伝子のタイプには、地域差があることがわかりました。

XX型を持つ人は、白人では20％、アジア人では30％います。

しかし、西アフリカにはXX型の人は3％しかいなく、RR型が非常に多いというデータがあります。

100m走の驚異的な記録を持つ、ボルト選手などのスプリンターが黒人に多いのがわかります。日本人は、短距離走向きではなく、マラソンに向いているということでしょうか。

スポーツの能力を左右する遺伝子

筋肉をつくるタンパク質の一種、αアクチニン3をつくっていて、型がふたつあります！

ムキッ!

ACTN3遺伝子

RR 型
通常のタイプ

短距離走など、
瞬発力を必要とする選手。

XX 型
αアクチニン 3 タンパク質をつくれないタイプ

長距離走など、
持久力を必要とする選手。

オリンピック選手を対象にACTN3遺伝子を調べた結果、RR型は短距離走の選手に、XX型は長距離走の選手に多いことがわかったの。

ACTN3 遺伝子のタイプの地域差

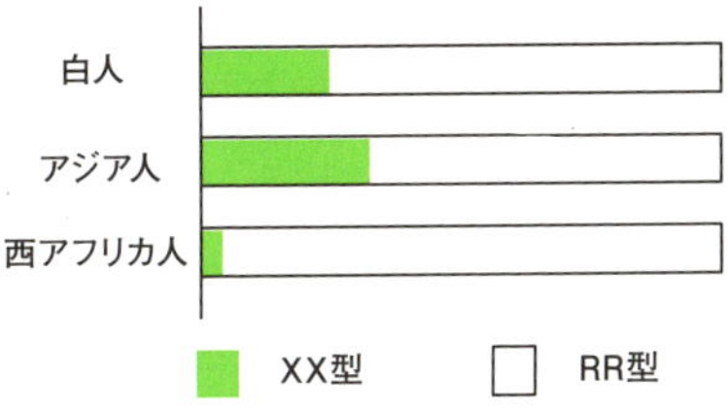
白人
アジア人
西アフリカ人
XX型
RR型

だからアフリカには、スプリンターの人が多いんだね！

090

バイオテクノロジーってなに？

バイオテクノロジーの「バイオ」とは生物、「テクノロジー」とは技術の意味で、生物が持つ力を人間の役に立てる技術をいいます。

特に、生物の遺伝子を人工的に操作する研究は、遺伝子工学と呼ばれています。

新しい言葉のように思えますが、じつはパンをつくる際に酵母菌を利用したり、ヨーグルトをつくる際に乳酸菌を利用したりする方法も、バイオテクノロジーの先がけといえます。

1928年に、英国の細菌学者であるアレクサンダー・フレミングが、青カビから世界初となる抗生物質のペニシリンを発見したのは有名です。

デオキシリボ核酸（DNA）が遺伝の本質であるとわかってから、さまざまな研究が進み、DNAを操作する手法も急激な発展を遂げました。21世紀は、バイオテクノロジーの時代といわれています。

バイオテクノロジーは、これからの私たちの生活にとって「よりよく生きる」ための医療や健康の分野、「よりよく食べる」ための安全で高品質な農作物などの食料の分野、「よりよく暮らす」ための環境・エネルギーの分野（たとえば、植物からのバイオ燃料）で大いに役立つことが期待されています。

昔からあるバイオテクノロジー

酵母
パン
ビール
細菌
納豆
ヨーグルト
ヨーグルト

カビ
味噌
酒
醤油

バイオって
生き物のこと
なんだね。

最先端の技術のことだけではなくて、
昔からの製法や工夫のなかにもバイオ
テクノロジーは使われているのよ。

091

バイオテクノロジーでどんなことができるの？

バイオテクノロジーの技術のひとつに、遺伝子組み換えがあります。遺伝子組み換え技術とは、ある生物のデオキシリボ核酸（DNA）から目的とする遺伝子を切り取り、別の生物の遺伝子と組み換えて、新しくより有用な生物をつくる技術です。

たとえば、カーネーションの色は通常は赤か白ですが、ペチュニアの花から紫色の遺伝子を切り取ってカーネーションに組み込むと、紫色のカーネーションができました。

また、2004年に同様の遺伝子組み換えによって、青いバラが日本で初めて開発されました。

さらに、ヒトの遺伝子をほかの生物の遺伝子と組み換えて、ヒトに有用なタンパク質である医薬品を大量につくらせることができるようになり、医療の現場で大変役に立っています。おもに、ホルモン（インスリンなど）、抗体、酵素、血液凝固因子などがあります。

農学分野では農作物や醸造・発酵に、また、花の品種改良に、薬学分野ではバイオ医薬品づくりに、医学分野では再生医療に、獣医学では動物の品種改良やクローン生物の生産などにと、さまざまな分野で幅広く活用されています。

不可能が可能に!?

ブルーローズ

いつかきっと…。

数多くの育種家が、800年にわたり
品種改良してもできなかった。

英語では「Blue Rose＝不可能」という
慣用句にもなっている！

それくらい
難しいことだったんだね。

日本とオーストラリアの共同研究で、
初めて青いバラをつくることに成功し
たのよ。続いて、千葉大学が青い胡
蝶蘭の開発も成功させているわ。

092

バイオテクノロジーで環境は守れるの？

守れます。バイオテクノロジーは、私たちの日常生活において、欠かせない技術になっています。

お風呂やトイレ、台所から流した水は、一度きれいにしてから、川や海に流しています。この生活廃水や工場廃水をきれいにするために、排水中の環境汚染物質を食べてくれる細菌などの微生物が活躍しています。

また、石油タンカーの事故があると、油が海に流れ出し、海が汚れてしまいます。魚は死んでしまうし、漁もできなくなります。このような場合には、石油を食べてくれる微生物を利用しています。

さらに、バイオテクノロジーは、バイオ燃料をつくる際にも役に立っています。

バイオ燃料は、生物の持つエネルギーを利用した、アルコール燃料や合成ガスのことです。トウモロコシやサトウキビといった安い穀物を発酵・ろ過してアルコール（エタノール）をつくり出し、乗用車・小型トラック用の燃料にしています。

ガソリンと違い植物原料の燃料なので、空気汚染物質のCO_2を新たにつくり出さないという長所があります。しかし、穀物の値段が急騰して、これらの食物を主食としている国では問題が出ています。

バイオテクノロジーで環境を守る

環境汚染物質の除去

石油流出事故
ボクたちに任せて!

生活廃水
工場廃水
汚れを食べるよ。

知らないところで
大活躍しているん
だね♪

クリーンエネルギーの開発

CO_2削減
oil
バイオ燃料
サトウキビやトウモロコシ

093

遺伝子組み換えで薬がつくれるって本当？

本当です。たとえば、インスリンを処方されている患者は、バイオテクノロジーの恩恵を多大に受けているといえます。

ヒトの体には、きわめて微量にしか存在しないタンパク質が数多くあり、このタンパク質が変異してしまうと、病気になってしまいます。遺伝子組み換えで、正常なタンパク質を大量に合成して、薬として利用することができれば病気の治療に大いに役立ちます。

インスリンというホルモンは、膵臓でつくられるタンパク質で、血糖値を下げる働きをします。このタンパク質が変異してしまったり、遺伝的につくられない家系の人は糖尿病になります。糖尿病になると、継続的にインスリンを投与しなければなりません。

ヒトのインスリンをつくる遺伝子を、大腸菌にあるプラスミド*[1]という小さな輪の形をしたデオキシリボ核酸（DNA）に組み込んで大腸菌を培養すると、大量のヒトのインスリンを得ることができます。

この組み換えインスリンは、1980年代に医療用の薬として、厚生省（現・厚生労働省）より使用が認可されました。

今では、インスリンのほかにもインターフェロン、成長ホルモンなど、多くの医薬品が遺伝子組み換えで大量に合成され、販売・使用されています。

インスリンの精製

昔　患者1人の1年分のインスリンを牛40頭分の膵臓から精製。

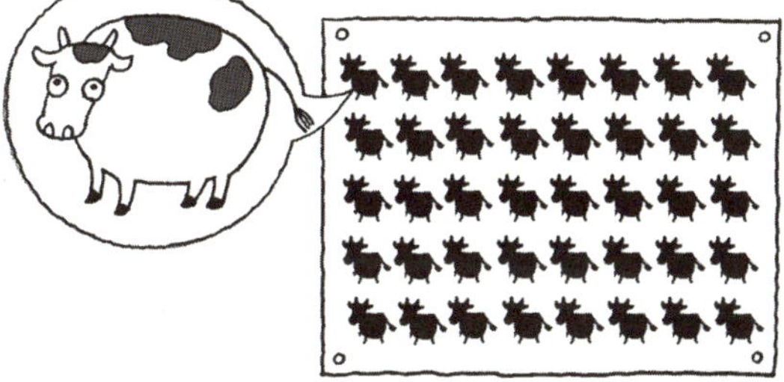

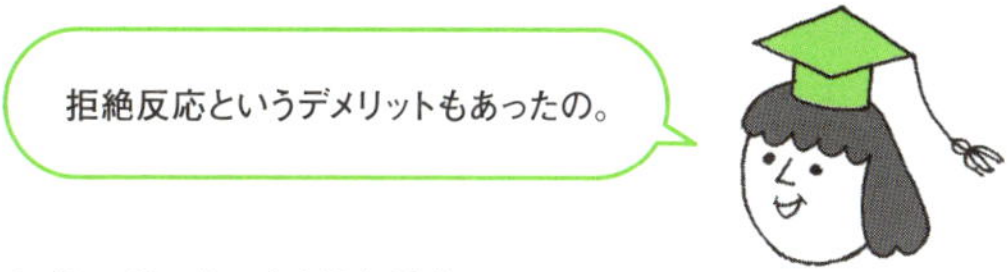
拒絶反応というデメリットもあったの。

今　ヒト由来のインスリンをつくる遺伝子を
プラスミドに組み込んだ大腸菌を培養。

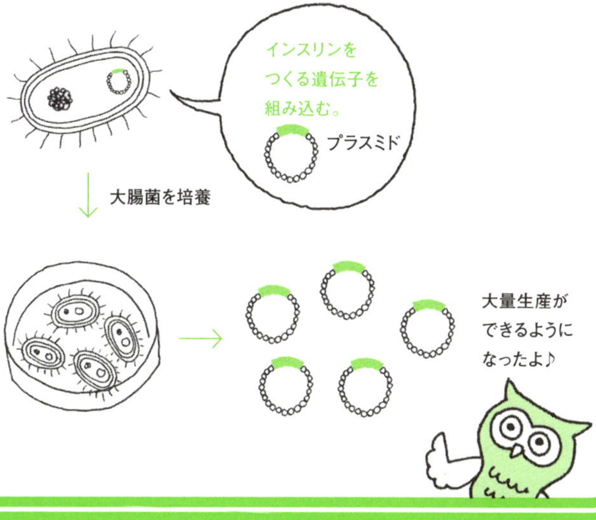
インスリンを
つくる遺伝子を
組み込む。
プラスミド
大腸菌を培養
大量生産が
できるように
なったよ♪

＊1：ほとんどの細菌が持つ、本来のDNAとは別の核外にある二本鎖の小さな環状DNA。

094

遺伝子組み換え作物はどこでつくられているの？

2012年の報告では、遺伝子組み換え作物は**世界31カ国**で、面積にすると、**1億7000万ヘクタール**[*1]で栽培されています。

1位は米国、2位ブラジル、3位アルゼンチン共和国、4位カナダ、5位インドとなっています。この上位5カ国が、世界の遺伝子組み換え作物全体の約90％をつくっています[*2]。

作物別では、大豆、トウモロコシ、綿、なたねの順に多く、これらの4種でほぼ100％になっています。

実際につくられている遺伝子組み換え作物は、除草剤耐性遺伝子や害虫抵抗性遺伝子が導入されたものが多いです。

大豆などに除草剤耐性遺伝子を導入すると、除草剤を散布した場合に雑草は枯れますが、大豆などには影響が出ません。また、害虫抵抗性遺伝子を導入すると、作物を食べる昆虫などを殺しますが、大豆などには影響がなく、殺虫剤を使う必要がないのです。

遺伝子組み換え作物の栽培が盛んな国の農場は広大なので、ヘリコプターで除草剤をまいたり、また、害虫駆除が大変なため、これらの技術を用いて収穫を上げているのだと思われます。

日本では、研究開発はされていますが、商業ベースでの栽培は行われていません。

世界 31 カ国で栽培

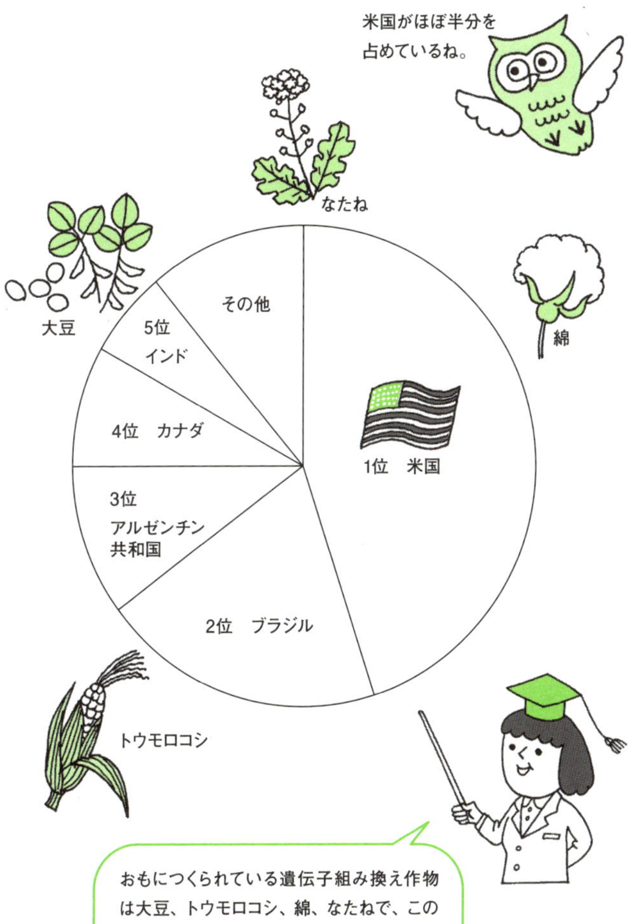
米国がほぼ半分を
占めているね。
なたね
綿
大豆
トウモロコシ
その他
5位
インド
4位　カナダ
3位
アルゼンチン
共和国
2位　ブラジル
1位　米国
おもにつくられている遺伝子組み換え作物
は大豆、トウモロコシ、綿、なたねで、この
5カ国で栽培されているのよ。

＊1：メートル法における面積の単位で、1ヘクタール（ha）は100アール（a）＝1万平方メートル（m^2）。
＊2：国際アグリバイオ事業団（ISAAA）より「2012年世界の遺伝子組み換え農作物の栽培状況」。

095

遺伝子組み換え作物は安全なの？

遺伝子組み換え作物の安全性は、国際的な基準に基づいて審査されています。経済協力開発機構（OECD）や世界保健機関（WHO）、国際連合食糧農業機関（FAO）が基準に沿って制度を定めています。

審査は、環境に対する安全性と、人や家畜が食べても安全かという2点で審査され、このふたつの安全性が確認されないと生産できないことになっています。

日本では、遺伝子組み換え作物の環境に対する安全性は、生物多様性条約*1に基づいて2003年に出された「遺伝子組み換え生物等の使用等の規制による生物の多様性の確保に関する法律（通称カルタヘナ法）」にしたがって、農林水産省などが審査を行っています。

特に、遺伝子組み換え作物を野外で育てる場合には、育てる作物や遺伝子の性質、周囲の植物を交雑しないかなどのデータを集め、環境に対する影響を調べることになっています。

また、遺伝子組み換え食品の安全性は、厚生労働省が審査しています。遺伝子組み換え食品には、たとえば、大豆（遺伝子組み換え）などの表示が義務づけられていますが、加工食品では義務づけられていないものも多くあります。実際には、私たちは多くの遺伝子組み換え食品を食べている状況です。

環境に対する安全性の審査

どんな審査を
するの?

遺伝子組み換え作物を野外で育てる
場合に、周りの植物と交雑しないか
を調べるの。

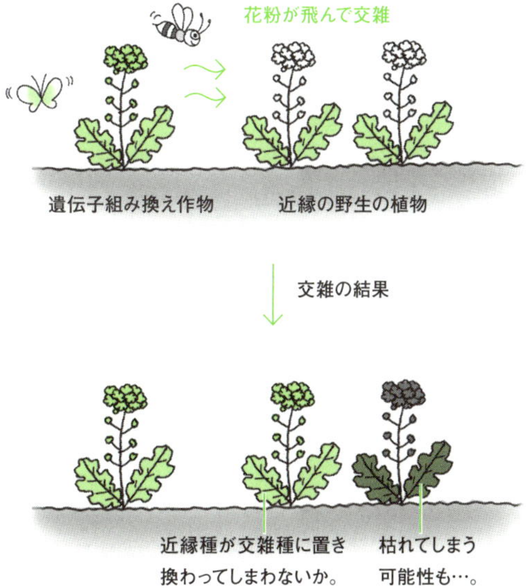

花粉が飛んで交雑
遺伝子組み換え作物
近縁の野生の植物
交雑の結果
近縁種が交雑種に置き
換わってしまわないか。
枯れてしまう
可能性も…。

ほかに、元からいた野生の植物の生育を阻んで
ダメにしてしまわないか、野生の動植物や微生
物などが少なくなったり、絶滅したりしないかを
調べるのよ。

＊1：生物多様性（Biodiversity）とは、地球には、多くの種類の生物が存在しているということ。

096

遺伝子検査で日本産か外国産かわかるの？

わかります。

農産物や畜産物にも、もちろん遺伝子が存在します。

産地や品種などによって遺伝子に若干の差があるので、遺伝子検査をすることで、偽装されているか否か判別できます。

たとえば、中国産や台湾産のウナギ、米国産やオーストラリア産の牛肉を「日本産」と偽って販売しても、遺伝子検査をすればバレてしまうのです。

（独）農林水産消費安全技術センターでは、食品、林産物、飼料や肥料など、多数の産地を判別する技術が研究・開発されています。

今注目を集めているのが、マグロの種類を遺伝子検査で迅速に決める技術の実用化です。

高価なクロマグロと安価なキハダマグロの切り身は、味はまったく違うようですが見た目がよく似ていて、嘘の申告をされてもわかりません。

しかし、マグロの切り身の遺伝子を検査することで、きちんと種類を分類できる時代になりました。

遺伝子検査は、このような食の安全や保護にも役立っています。

遺伝子検査でマグロの種別を見分ける

おいしいよ♥
クロマグロ
(本マグロ)
キハダマグロ

切り身になると見分けがつかない!!

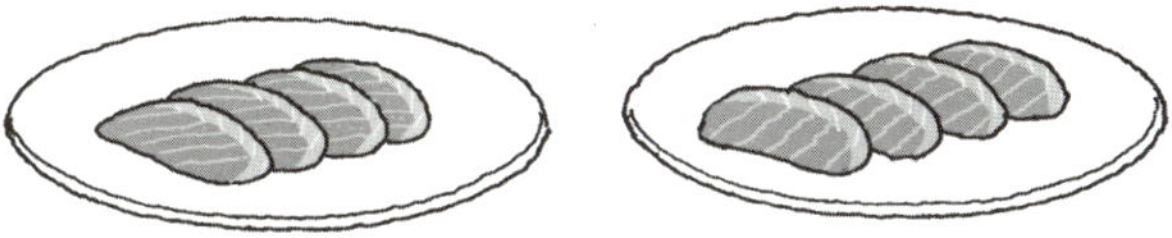

どっちが
クロマグロか
わからないね!
そうなの!!
食の安全を守るためにも遺伝子
検査は必要なのよ。

097

クローンってなに？

クローンとは、まったく同一の遺伝子を持つ細胞や個体の集団のことです。そして、特定の遺伝子を含むクローンの動物などを作製することや、遺伝子を増やすことをクローニングといいます。

通常、哺乳類の子は、両親から多くの遺伝子を受け継いで生まれてきます。

しかし、両親のどちらの遺伝子を受け継ぐかは偶然に決まるため、同じ親から生まれた兄弟姉妹でも、異なった遺伝的特徴を持っています。また、親と子でも、持っている遺伝的特徴は異なります。

このクローニングの方法を使うと、同じ遺伝的特徴を持つ子を人工的に生産できます。

哺乳類のクローンを生み出す方法には、受精後の発生初期の細胞を使う方法と成体の体細胞を使う方法があります。

受精後の発生初期の細胞を使う方法では、生まれてくる子がどちらの親の遺伝的特徴を持つかを予測することはできません。

一方、成体の体細胞を使う方法では、子は親とほとんど同じ遺伝子の組み合わせを持つクローンを生み出すことができます。

成体の体細胞を使った例は、1996年7月、英国でクローン羊のドリーが誕生したことで初めて成功し、世界的な注目を集めました。

クローン牛の作製

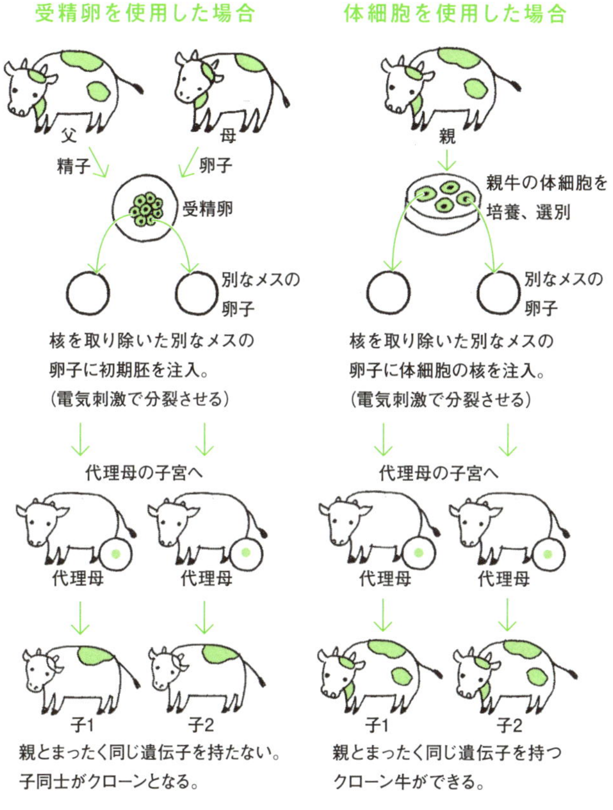
受精卵を使用した場合
父
母
精子
卵子
受精卵
別なメスの
卵子
核を取り除いた別なメスの
卵子に初期胚を注入。
（電気刺激で分裂させる）
代理母の子宮へ
代理母
代理母
子1
子2
親とまったく同じ遺伝子を持たない。
子同士がクローンとなる。
体細胞を使用した場合
親
親牛の体細胞を
培養、選別
別なメスの
卵子
核を取り除いた別なメスの
卵子に体細胞の核を注入。
（電気刺激で分裂させる）
代理母の子宮へ
代理母
代理母
子1
子2
親とまったく同じ遺伝子を持つ
クローン牛ができる。

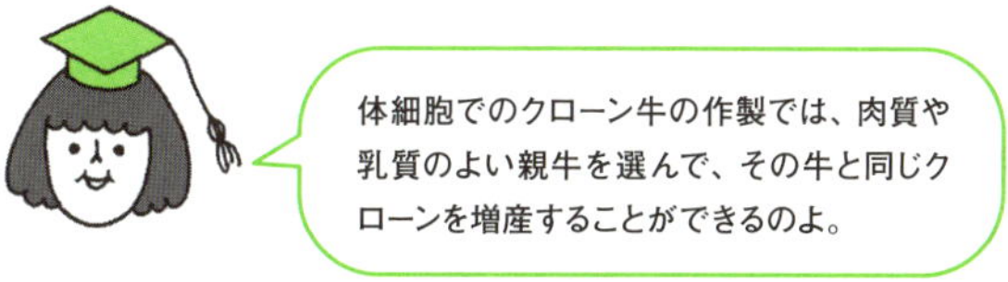
体細胞でのクローン牛の作製では、肉質や
乳質のよい親牛を選んで、その牛と同じク
ローンを増産することができるのよ。

098

クローン羊のドリーはどのように誕生したの？

1996年7月、英国のロスリン研究所で、クローン羊のドリーが誕生しました。

ドリーは、成体の体細胞を用いて生まれた哺乳類で初めてのクローンであり、体細胞の核を提供した羊と、ほとんど同一の遺伝子を持っていたことから世界中の注目を集めました。

6歳のメス羊の乳腺細胞から核を取り出し、あらかじめ核を取り出しておいた別のメス羊の未受精卵に移植しました。

通常、受精卵は自動的に分裂を開始しますが、未受精卵のため、電気刺激処理をして人工的に分裂させます。分裂を始めた卵をさらに別のメス羊の子宮に移して、出産されたのがドリーです。

体細胞からつくられたクローンは、それまでカエルしか成功していなく、哺乳類での成功は初めてでした。

2年後にドリーは、自然交配で子どもの「ポニー」を産みました。羊の寿命は11〜12歳とされていますが、ドリーは6歳7カ月で死亡しました。

その後の研究で、6歳のメスの核を移植されたため、すでに生まれた段階で、ドリーは6歳相当に老化していたことがわかりました。

クローン羊ドリーの誕生

クローンをつくりたい目的の羊 A の乳腺細胞から核だけを取り出す。

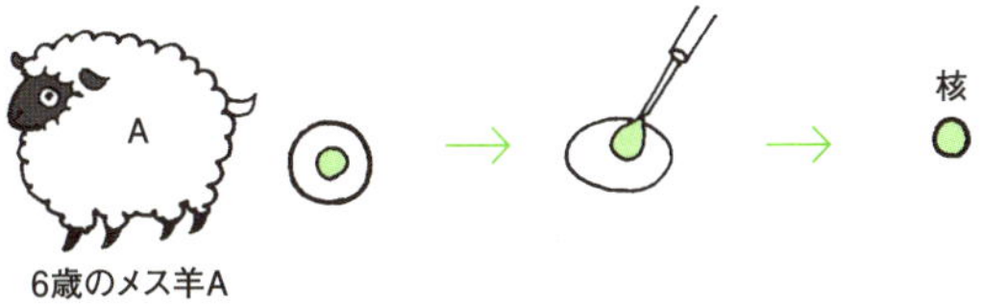
A
核
6歳のメス羊A

ほかのメス羊 B（どの羊でもよい）の未受精卵から核を取り除く。

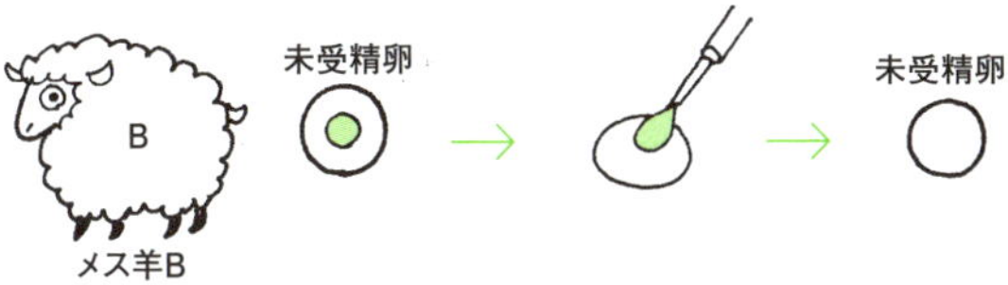
B
未受精卵
未受精卵
メス羊B

羊 A の乳腺細胞から取り出した核を、除核した未受精卵に注入。

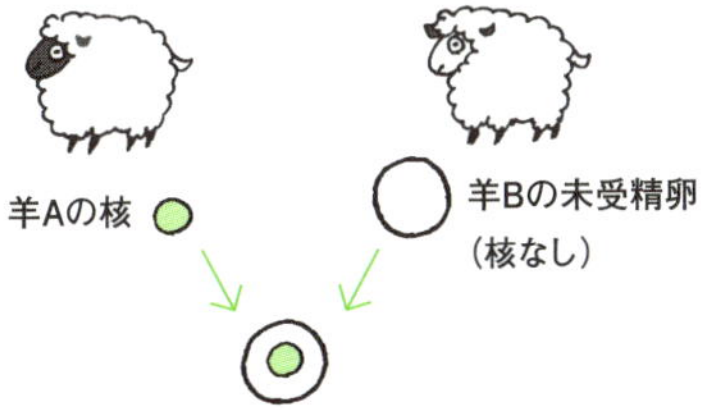
羊Aの核
羊Bの未受精卵
（核なし）

別なメス羊の子宮に移植し、ドリーが誕生

ドリー

すごい!!

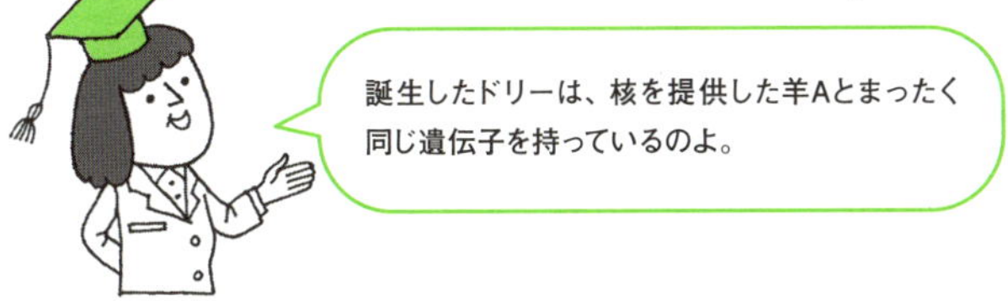
誕生したドリーは、核を提供した羊Aとまったく
同じ遺伝子を持っているのよ。

099

クローン技術はなにに役立つの？

クローン技術は、食料や医療など、私たちの身近な分野で応用できる可能性が大いにあります。

たとえば、肉質のよい牛や乳量の多い牛をクローン技術で大量に生産すると、食料の安定供給ができるようになります。

病気の治療に必要な医薬品を、乳のなかに分泌する羊の生産が可能になります。また、トキやパンダなど、絶滅危機に瀕している稀少動物の保護・再生が可能となります。

さらに、ヒトの病気に関係する遺伝子を動物にクローニングして「疾患モデル動物」をつくると、病気の解明や治療法の開発に役立ちます。臓器移植をしなくてはいけない患者の遺伝子をブタに導入すると、免疫的な拒絶反応を起こすことなく、患者自身の遺伝子を持った臓器をブタにつくらせることも可能になるのです。

これは「動物工場」とも呼ばれており、この工場で私たちのための臓器をつくることができたら、どれだけ医学の進歩に貢献できるか計り知れません。

しかし、人間が遺伝子を自由に操ってしまってよいのか、動物をこのように人間の思うままに変えてしまってよいのかなど、組み換え技術に関する討論を国民的レベルで行う必要があるでしょう。

クローン技術の応用

希少動物の保護

絶滅の危機にある動物の繁殖や、再生する技術。

日本のトキのように絶滅した種でも、
体細胞が保存されているなどの条件を
満たせば、再生できる可能性もあるわ！

医療品の製造

必要なタンパク質をつくる遺伝子を組み込んだ乳を出す羊をつくり、
その乳から必要な成分を大量に抽出し、薬を製造する技術。

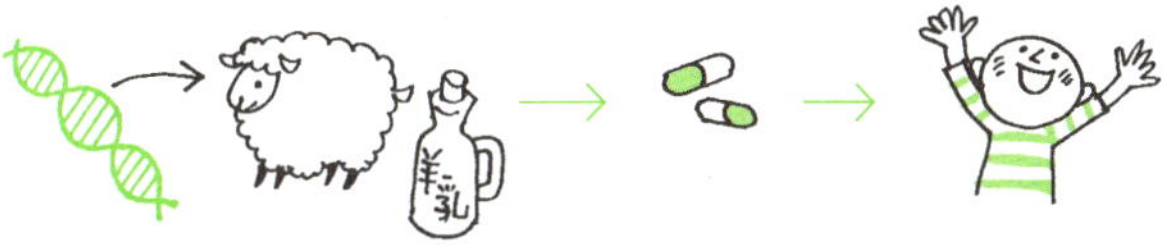
羊乳

実験用動物の確保

実験用ラットをクローニングして、遺伝子条件が同じラットを増産する技術。

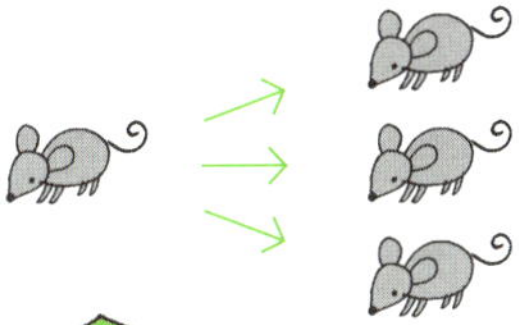

効果を
比較するためには
重要なんだね！

そのほか、食料の安定的供給や移植用臓器の
開発にも、クローン技術が応用されているのよ。

100

ブタの臓器をヒトに移植できるって本当?

2002年、米国でクローンブタがつくられ、その臓器をヒトの体に移植できるようになりました。

サルのほうがヒトの遺伝子に近いのですが、ヒトに比べて臓器が小さく、また大量に繁殖できません。その点、ブタの臓器はヒトとほぼ同じサイズで、繁殖も容易なことから、臓器移植用のクローン動物に適しているといわれています。

通常のブタの臓器をヒトに移植すると、違う動物種なので、免疫反応が起こります。ヒトの体内に異物が入ると、補体*1というタンパク質ができ、補体には、異物である臓器を壊してしまう働きがあるためです。

そこで、補体の働きを抑える補体抑制因子の遺伝子をブタの未受精卵に導入し、成長させたクローンブタがつくられました。

このクローンブタの臓器をヒトに移植すると、補体抑制因子が働いて免疫反応が抑えられ、患者の体内で正常に機能します。

日本では、クローン技術を使って、生まれつき膵臓がないブタに、正常なブタの膵臓をつくることに成功しました。また、将来ヒトのiPS細胞を使い、患者の膵臓をブタにつくらせる研究も始まっています。

クローンブタによる理想の臓器移植

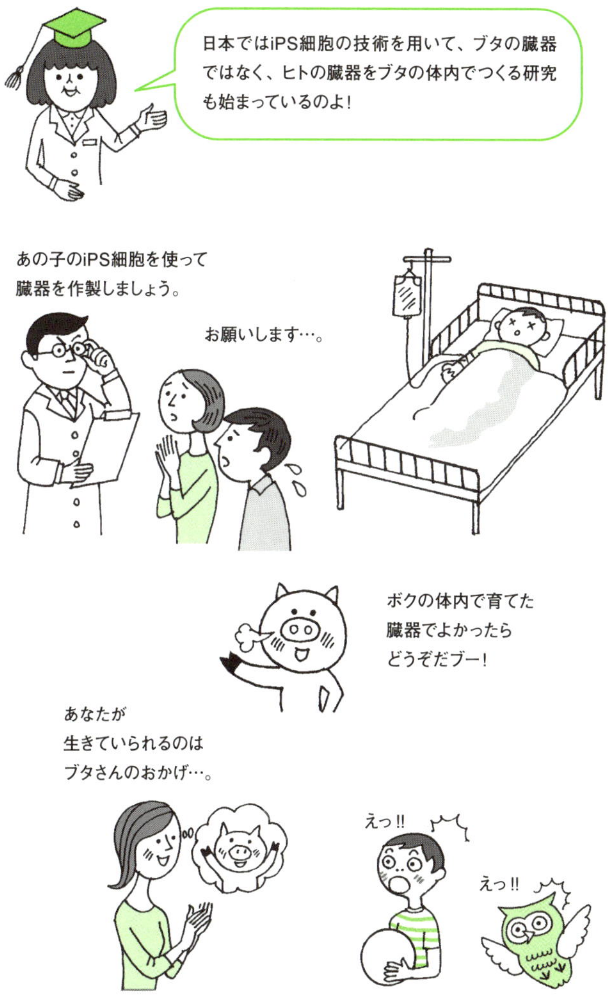
日本ではiPS細胞の技術を用いて、ブタの臓器ではなく、ヒトの臓器をブタの体内でつくる研究も始まっているのよ！
あの子のiPS細胞を使って臓器を作製しましょう。
お願いします…。
ボクの体内で育てた臓器でよかったらどうぞだブー！
あなたが生きていられるのはブタさんのおかげ…。
えっ!!
えっ!!

＊1：補体は肝臓で合成され、血中に放出される。補体の作用には、異物として体内に入った病原菌を食べてしまう食作用の促進や、病原菌の細胞膜に孔を空けるなど、病原菌などの排除に役立っている。

遺伝子関連年表

1865年	G.J.メンデルが、エンドウで遺伝の法則を発見。
1869年	F.ミーシャが、膿から核酸を発見。
1944年	O.アベリーが、DNAが遺伝物質であることを証明した論文を発表。
1953年	J.ワトソンとF.クリックが、DNAの分子構造（二重らせん構造）を提唱。
1956年	A.コンバーグが、試験管内で初めてDNAを合成することに成功。
1968年	W.アルバーが、大腸菌がファージのDNAを切断する酵素を発見。DNAを切断しファージの増殖を制限することから「制限酵素」と命名。
	H.スミスが、別の制限酵素を発見。アルバーの酵素はDNAを無差別に切断したが、スミスの酵素は特定の塩基配列部分で切断。
1971年	D.ネーサンスが、制限酵素によるDNA切断に成功。1978年アルバー、スミス、ネーサンスが遺伝子工学の発展でノーベル賞受賞。
1973年	S.コーエンとH.ボイヤーらが、大腸菌を用いて初めて遺伝子組み換えに成功。
1975年	P.バーグ教授の呼びかけで、遺伝子組み換えの安全性について、世界初の国際会議（アシロマ会議）を開催。
1979年	文部省と科学技術庁が「組み換えDNA実験指針」を策定。
1985年	A.ジェフリーズが、DNA指紋法によるDNA鑑定を発見。
1987年	PCR法が初めて公開される。
1988年	英国サッチャー政権が、移民者のDNA型データベースを創設。
1990年	米国でADA欠損症の女児に遺伝子治療が行われる。
	全ヒトゲノムプロジェクトが開始。

1993年	カークブラッズワース裁判（死刑囚が初めてDNA鑑定により救われる）。
1995年	米国で世界初の遺伝子組み換え食品のトマト「フレーバー・セーバー」を発売。 米国が軍事による死亡者確認のため、米兵全員のDNA採取を義務化。
1996年	英国でクローン羊のドリーが誕生。
1997年	ヒトゲノムと人権に関する世界宣言採択（ユネスコ）。
2000年	ヒト21番染色体の解読（理研と国際共同研究）。
2002年	FBI（米国連邦捜査局）が、ミトコンドリアDNAのデータベースを公開。 田中耕一さんノーベル化学賞を受賞。
2003年	遺伝子組み換え生物等の使用等の規制による 生物の多様性の確保に関する法律（カルタヘナ法）施行。 ヒトゲノムプロジェクト最終版終了。
2004年	青いバラの開発に成功（日本）。 ワトソンとクリックのDNA二重らせん構造発見50周年。 ヒトゲノムの完全解読論文の発表。
2005年	岡部勝教授らが、IZUMO遺伝子を発見。
2007年	山中伸弥教授らが、ヒトの皮膚細胞から万能細胞（iPS細胞）を作製することに成功。
2010年	R.エドワーズが、体外受精技術の開発によりノーベル生理学・医学賞を授賞。
2012年	iPS細胞の作製に成功した功績により、 山中伸弥教授がノーベル生理学・医学賞を受賞。

遺伝子がもっとわかっちゃう 用語集

遺伝子関連の用語を簡単な解説とともに紹介します。

ATP	アデノシン三リン酸のこと。細胞のエネルギー源となる物質で、ミトコンドリアでつくられる。また、DNAやRNAの構成成分でもある。
DNAポリメラーゼ	DNA合成酵素で、DNAの複製や修復のときに、鋳型のDNA塩基と正しく塩基対を形成するようにDNAをつくる酵素。
iPS細胞	京都大学・山中伸弥教授らが皮膚細胞に遺伝子を組み込んで作製した新型万能細胞。この細胞はあらゆる組織や臓器になる可能性を持っているため、将来の再生医療に期待されている。
PCR法	少量のDNAを短時間で大量に増やす方法。DNA鑑定や遺伝子診断に欠かせない技術。
RNAポリメラーゼ	RNA合成酵素で、DNAのらせん構造を部分的に開き、鋳型となる片方1本のDNA鎖に沿って、DNAの情報を正しく読みながらRNAをつくる酵素。
アミノ酸	タンパク質および、ペプチドの構成要素となるアミノカルボン酸のこと。遺伝子は20種類の異なるアミノ酸をつくる情報を持つ。
遺伝子組み換え技術	あるDNA断片を別のDNA分子に組み入れる操作。目的のタンパク質を細菌や動植物の培養細胞などにつくらせることができる。
遺伝子診断	病気の原因となる遺伝子の変異を調べ、発症のリスクを診断できる。発症リスクを事前に知ることで、病気の予防にもなる。
インスリン	膵臓のなかにあるランゲルハンス島でつくられるホルモン。血中の糖を細胞に取り込み、血糖値を下げる。欠乏すると糖尿病の症状を起こす。
ウイルス	自律的複製ができないため、細胞内に寄生して増殖する。生物ではないが、物質でもない亜生物といわれる。
がん	無秩序に増殖する異常細胞の集まり。正常な遺伝子の突然変異によって生じる。がんを引き起こすがん遺伝子や、がんを抑制するがん抑制遺伝子も知られている。
抗原	体内に入ると特異的な抗体を促す物質。
抗体	体に侵入した異物に結合して無毒化するタンパク質で、免疫反応で重要。1種類の異物に対して、1種類の抗体がつくられる。
コドン	ひとつのアミノ酸を指定する、3つ1組の塩基配列のこと。タンパク質の最初のアミノ酸をつくるコドンを「開始コドン」、最後のアミノ酸をつくるコドンを「終止コドン」という。
細菌	原核生物に属する単細胞の微生物。
再生医療	自然には再生できない組織や臓器を再生させ、機能を回復させることを目指す医療。iPS細胞を使用した再生医療が期待されている。

自然淘汰	自然選択ともいう。自然界において、ひとつの種のなかの適応的物質を持つ個体と、そうでない個体間の繁殖力の違いによる選択。
水素結合	1個の水素と2個の原子との結合。二本鎖DNAでは塩基が内側を向き、アデニン（A）とチミン（T）は2個、シトシン（C）とグアニン（G）は3個の水素で結合している。弱い結合で、必要時に結合が切れる。
制限酵素	DNAのある決まった部位だけを切断する酵素。遺伝子組み換え技術に利用されている。
生命現象	外界と区切られていること、子孫を残すことができること（自己複製）、食事や光合成などで材料とエネルギーを調達し、自身の生命を維持できることと定義できる（研究者により異なる）。
セントラルドグマ	遺伝情報の伝達方向が、DNA→RNA→タンパク質であるという概念。全生物に共通する。
タンパク質	鎖状につながった数十個以上のアミノ酸からなる分子。筋肉、酵素、ホルモン、抗体など、生命機能に関する部品。ヒトには、約10万種類のタンパク質がある。
テロメア	染色体の末端にある構造で、細胞分裂の回数を監視する機能を持つ。ヒトのテロメア領域のDNAは、TTAGGGの塩基配列が約1万塩基にわたって繰り返されており、複製のたびに短くなる。ある程度まで短くなると、細胞は分裂を止める。
突然変異	遺伝子の構造が変化を引き起こす過程。塩基の置換や欠失、遺伝子の移動や重複などがあり、生殖細胞の遺伝子に起きた突然変異は遺伝する。
ノックアウトマウス	遺伝子組み換え動物のひとつ。特定の遺伝子を壊した（ノックアウト）細胞をマウスの胚に導入して成長させると、特定の遺伝子が働かないノックアウトマウスができる。
バクテリオファージ	細菌に感染するウイルスのこと。ファージともいう。
発現調節領域	数多くある遺伝子のどの遺伝子を転写するかを調節する領域で、転写の開始点周辺にあることが多い。転写を調節するタンパク質が調節領域に結合することで、転写のオン・オフが決定される。
伴性遺伝	性染色体にある遺伝子による遺伝。X染色体にある遺伝子の異常で起こる「血友病」や「赤緑色覚異常」などがよく知られる。
分化	生物の細胞がそれぞれ構造と機能を持ち、独自の形態や機能をつくる過程。
ベクター	ウイルスやファージを使って、細胞に遺伝子を導入するために用いる。増殖能力を持つ小型のDNA分子のこと。
ヘモグロビン	赤血球内に全質量の30％以上を占める酸素運搬分子で、二酸化炭素の運搬にも役立っている。
母系遺伝	性染色体とは関係なく、母親から子に遺伝する。ミトコンドリアにある遺伝子の遺伝。
ミトコンドリア	細胞内小器官のひとつ。生命活動のエネルギー源となるATPを合成している。
リソソーム	細胞内小器官のひとつ。すべての真核生物の細胞内消化の主要な構成要素として働く。
リボソーム	細胞内小器官のひとつ。タンパク質の合成工場。大きさの異なるふたつのサブユニットが結合したもの。

乾いた血痕からでも可能なＤＮＡ鑑定

何十年も前の事件を再捜査するときなど、当時の現場に残されていたすでに乾ききった血痕などから、なぜ犯人を特定できるのか不思議に思ったことはありませんか？

DNAは、タンパク質とは異なり、化学的に安定した物質です。そのため、サンプルさえ残っていれば、平温で長期間放置されていても再鑑定は十分に可能なのです。

鑑定には、多量のDNAが必要になります。

しかし、犯罪捜査の場合、事件現場に残された血痕、髪の毛、精液からはごく少量のDNAしか抽出できず、そのままでは足りません。

この問題を解決したのが「PCR法」という方法で、簡単にDNAを増やすことができます。このPCR法は、DNA鑑定や遺伝子診断では欠かせない技術となっています。

まず、DNAを熱して2本の鎖を分けます。これにDNAを複製する酵素などを加えて冷やすと、それぞれの鎖に相補的なDNAが新たにできて、2倍のDNAになります。

この「熱して冷やす」を数十回繰り返すと、約1時間でDNAは数十億倍に増えるのです。

これを自動的に行う装置が開発されており、簡単に短時間でDNAを増やすことができ、さまざまな鑑定に役立っています。

索引

あ

い

え

お

か

く

け

こ

参考文献・資料

- 『入門ビジュアルサイエンス ヒト遺伝子のしくみ』生田哲 著／日本実業出版社
- 『はじめの一歩のイラスト生化学・分子生物学 生物学を学んでいない人でもわかる目で見る教科書』
  前野正夫・磯川桂太郎 著／羊土社
- 『カラー版徹底図解 遺伝のしくみ「メンデルの法則」からヒトゲノム・遺伝子治療まで』
  経塚淳子 監修／新星出版社
- 『Newton別冊 個性や能力は、どこまで"生まれつき"か？ 知りたい！ 遺伝のしくみ』
  ニュートンプレス
- 『Newton別冊 生物学の基本から、最先端医療まで 生命科学がわかる100のキーワード』
  ニュートンプレス
- 『新版 絵でわかるゲノム・遺伝子・DNA』中込弥男 著／講談社サイエンティフィク 編／講談社
- 『遺伝子力 ヒトを支える50の遺伝子』NPO法人システム薬学研究機構 編／オーム社
- 『イラスト図解 人体のしくみ』坂井建雄 著／日本実業出版社
- 『今知りたいライフサイエンス ―現代生物学への招待―』降旗千恵 著／サイエンティスト社
- 『Newtonムック 21世紀を切り開く先端医療 バイオメディカル・エンジニアリング入門』
  東京女子医科大学医用工学研究施設 編／ニュートンプレス
- 『ステッドマン医学大辞典』ステッドマン医学大辞典編集委員会 編／メジカルビュー社
- 『遺伝学用語辞典 第6版』
  R.C.KING・W.D.STANSFIELD 著／西郷薫・佐野弓子・布山喜章 監訳／東京化学同人
- 『ポケット図解 遺伝子とDNAがよ～くわかる本』夏緑 著／秀和システム
- 『カラー図解 アメリカ版 大学生物学の教科書 第1巻 細胞生物学』
  D.サダヴァ他 著／石崎泰樹・丸山敬 監訳・翻訳／講談社
- 『カラー図解 アメリカ版 大学生物学の教科書 第2巻 分子遺伝学』
  D.サダヴァ他 著／石崎泰樹・丸山敬 監訳・翻訳／講談社
- 『よくわかる遺伝子』大石正道 著／同文書院
- 『医学・医療系のための生物学の基礎知識 ―生命の誕生・くすり・再生医療まで―』
  都河明子 著／丸善株式会社
- 『遺伝子組み換え食品の安全性について』厚生労働省医薬食品局食品安全部ウェブサイト
- 『バイオ医薬品分野を取り巻く現状』経済産業省・製造産業局ウェブサイト
- 『遺伝子組み換えに関するQ＆A PDF版』バイテク情報普及会ウェブサイト
- 日本経済新聞『なぜ人は老化するのか？』（2005年10月2日）
- 日本経済新聞 ニュースクール『平均寿命なぜ縮んだの？』（2012年8月4日）
- 日本経済新聞 SUNDAYNIKKEIサイエンス『iPS細胞の驚き』（2012年10月14日）
- 日本経済新聞 電子版『ブタの膵臓再生に成功 東大と明大、移植用臓器作製に道』（2013年2月19日）

著者 **都河明子**（つがわ・あきこ）
医学博士

東京大学理学部・生物化学科卒業。東京大学医科学研究所助手、日本レダリー㈱研究開発本部企画部課長、東京大学理学系研究科講師、東京医科歯科大学教授を経て、東京大学特任教授を2012年退職。専門は分子生物学、科学教育、科学とジェンダー。
著書に『医学・医療系のための生物学の基礎知識』、共訳『化学物質毒性ハンドブック』（ともに丸善）、『拓く―日本女性科学者の軌跡―』、『翔く―女性研究者の能力発揮―』（ともにドメス出版）、『理系に行こう！―女子中高校生のための理系案内―』（九天社）などがある。

わかっちゃう図解　遺伝子

2013年7月13日　初版発行

著者	都河明子
イラスト	大羽りゑ
カバーイラスト	花くまゆうさく
編集	新紀元社編集部／株式会社リーブルテック
ブックデザイン	漆原悠一（tento）
発行者	藤原健二
発行所	株式会社新紀元社 〒160-0022 東京都新宿区新宿1-9-2-3F TEL：03-5312-4481／FAX：03-5312-4482 http://www.shinkigensha.co.jp/ 郵便振替 00110-4-27618
イラストページDTP	株式会社イオック
DTP・印刷・製本	株式会社リーブルテック

ISBN978-4-7753-0949-0